Afaj Boubrima

Incidence des ectoparasites sur la tortue mauresque

Aridj Boubrima

Incidence des ectoparasites sur la tortue mauresque

Dans la région de Laghouat (Algérie)

Presses Académiques Francophones

Impressum / Mentions légales

Bibliografische Information der Deutschen Nationalbibliothek: Die Deutsche Nationalbibliothek verzeichnet diese Publikation in der Deutschen Nationalbibliografie; detaillierte bibliografische Daten sind im Internet über http://dnb.d-nb.de abrufbar.

Alle in diesem Buch genannten Marken und Produktnamen unterliegen warenzeichen-, marken- oder patentrechtlichem Schutz bzw. sind Warenzeichen oder eingetragene Warenzeichen der jeweiligen Inhaber. Die Wiedergabe von Marken, Produktnamen, Gebrauchsnamen, Handelsnamen, Warenbezeichnungen u.s.w. in diesem Werk berechtigt auch ohne besondere Kennzeichnung nicht zu der Annahme, dass solche Namen im Sinne der Warenzeichen- und Markenschutzgesetzgebung als frei zu betrachten wären und daher von jedermann benutzt werden dürften.

Information bibliographique publiée par la Deutsche Nationalbibliothek: La Deutsche Nationalbibliothek inscrit cette publication à la Deutsche Nationalbibliografie; des données bibliographiques détaillées sont disponibles sur internet à l'adresse http://dnb.d-nb.de.

Toutes marques et noms de produits mentionnés dans ce livre demeurent sous la protection des marques, des marques déposées et des brevets, et sont des marques ou des marques déposées de leurs détenteurs respectifs. L'utilisation des marques, noms de produits, noms communs, noms commerciaux, descriptions de produits, etc, même sans qu'ils soient mentionnés de façon particulière dans ce livre ne signifie en aucune façon que ces noms peuvent être utilisés sans restriction à l'égard de la législation pour la protection des marques et des marques déposées et pourraient donc être utilisés par quiconque.

Coverbild / Photo de couverture: www.ingimage.com

Verlag / Editeur:
Presses Académiques Francophones
ist ein Imprint der / est une marque déposée de
OmniScriptum GmbH & Co. KG
Heinrich-Böcking-Str. 6-8, 66121 Saarbrücken, Deutschland / Allemagne
Email: info@presses-academiques.com

Herstellung: siehe letzte Seite /
Impression: voir la dernière page
ISBN: 978-3-8416-3561-7

Zugl. / Agréé par: Laghouat, Université de Laghouat. 2010

1

INTRODUCTION

L'écologie parasitaire est aujourd'hui, une discipline en plein développement, notamment en raison de la prise en considération, par les écologues, du rôle potentiel des parasites dans les processus de régulation des populations hôtes, et de leur impact sur l'équilibre et le fonctionnement des écosystèmes.

Etant donné que chaque être vivant est confronté au parasitisme, soit en tant qu'hôte, soit en tant que parasite, la prise en compte du parasitisme est incontournable en biologie des populations. Cette contrainte doit donc être considérée au même titre que la compétition et la prédation, comme une force majeure intervenant dans la dynamique des populations (Anderson et May, 1978, 1979), la structuration des communautés et l'évolution des traits d'histoire de vie.

La diversité des parasites est immense et il existe ainsi de nombreuses définitions plus ou moins spécialisées en fonction du domaine d'étude. D'une manière générale, le parasitisme n'est que l'une des formes d'association possible entre deux organismes (Combes, 1995). En effet, comme la symbiose ou le commensalisme, le parasitisme est une relation hétérospécifique qui implique des interactions étroites et durables entre les partenaires de l'association. Dans ce contexte, les parasites peuvent être définis comme des organismes présents durant un temps dans ou sur un autre organisme vivant « l'hôte » dont ils obtiennent tout ou partie des nutriments qui leur sont nécessaires et auquel ils ont le potentiel de nuire. Le tort infligé peut se situer au niveau de l'individu et à celui de la population (Combes, 1995).

Par leur importance, les Tiques se situent immédiatement après les Moustiques en tant que vecteurs de virus (CAMICAS, 1978). Leur rôle dans l'entretien et la diffusion de certains de ces virus est considérable : elles interviennent à la fois comme vecteurs et comme réservoirs. En effet, les Tiques sont des Arthropodes rustiques, résistants aux conditions hostiles et doués d'une bonne longévité. D'autre part, les Tiques infectées peuvent être véhiculées à distance par leurs hôtes et, lorsqu'il s'agit d'oiseaux migrateurs, la diffusion intracontinentale et intercontinentale des virus est assurée (Hannoun et al., 1972; Hoogstraal, 1972)

A la fin de 1981, 446 virus étaient répertoriés au Catalogue des virus sélectionnés de Vertébrés, (C.D.C. ATLANTA, 1982). Sur ce total, 98, soit 22 %, sont habituellement transmis par des Tiques. De plus, 19 à 23 de ces virus associés à des Tiques sont connus comme pathogènes pour l'homme. La transmission à l'homme est assurée par la morsure des Tiques ; ce sont alors des forestiers, chasseurs, campeurs, agriculteurs, qui sont atteints et la maladie se voit surtout en été qui est aussi la période d'activité des vecteurs. Ces chiffres soulignent l'importance des virus associés à des Tiques (Camicas, 1978 ; Camicas, 1980 ; Hoogstraal, 1966).

Dans le cadre d'une problématique générale d'étude de la biologie et de l'écologie la Tortue mauresque *Testudo graeca graeca* dans les steppes d'Aflou, dans une région appelée Djellal ; il a été constaté lors des manipulations la présence de tiques sur les individus qui compose la population. Étant donné le caractère pathogène de ces ectoparasites et leurs capacité à transmettre un certain nombre de maladies aux animaux et à l'homme ; Nous nous sommes intéressé à l'identification et la quantification de ces tiques sur les tortues de notre population. Nous avons aussi cherché à identifier les hémoparasites qui sont à leurs tours souvent liés aux ectoparasites.

L'objectif de notre travail donc est l'identification et la quantification de ces deux groupes de parasites (tiques et hémoparasites) au sein d'une populations de Tortue terrestre (*Testudo graeca*), Nous avons aussi essayé de voir les relations qui peuvent existaient entre l'intensité de ces parasites et les paramètres de structure du peuplement.

Ce travail comporte quatre chapitres :
- ❖ Le premier chapitre est consacré à la présentation de l'espèce étudiée.
- ❖ Le deuxième chapitre comporte un aperçu descriptif des diverses caractéristiques physiques du milieu.
- ❖ Dans un troisième chapitre nous exposons les méthodes d'étude utilisées.
- ❖ Le quatrième chapitre portera sur l'analyse des résultats

Nous terminerons par une conclusion générale tirée des principaux résultats relatifs aux divers aspects étudiés.

I. Le modèle biologique (la tortue mauresque) :

La tortue mauresque (*Testudo graeca*) est souvent confondue avec la tortue d'Hermann (*Testudo hermanni*), elle se distingue par la présence d'une supracaudale non subdivisée et de gros tubercules sub-coniques sur la face postérieure de chaque cuisse, cependant, *T. hermanni* possède seulement un éperon (ou tubercule) terminal au niveau de la queue (Touzet C., 2007).

I.1. Description de l'espèce *Testudo graeca* :

Le problème se pose pour une fiche générale de *Testudo graeca* car il existe un très grand nombre de sous espèces (17 sous-espèce selon, Fritz U.et Havas P., 2007). Cependant chacune de ces sous espèces exceptée *soussensis* comporte un éperon sur chaque cuisse arrière et dépourvue de griffes sur la queue (Díaz-Paniagua, *et al.*, 2006). Une écaille supracaudale simple (Highfield A. C., 1990), et un plastron semi amovible excepté chez la sous espèce, *T. graeca soussensis* (Díaz-Paniagua *et al.*, 2006).

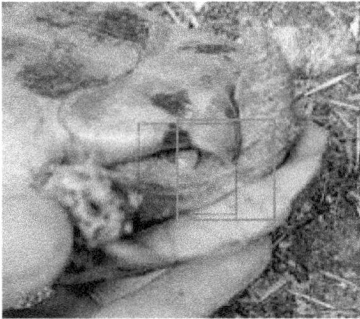

| Eperon sur une cuisse arrière. | Ecaille supracaudale simple. |

Figure 01. *Caractéristiques de l'espèce Testudo graeca.*

Figure 02. *Testudo graeca graeca*

I.2. Hiérarchie taxonomique : (selon : Fritz U. et Havas P., 2007)
Règne : Animalia
  Phylum : Chordata.
    Subphylum : Vertebrata.
      Classe : Reptilia Laurenti, 1768.
        Ordre : Testudines Batsch, 1788.
          S. ordre : Cryptodira Cope, 1868.
            S. famille : Testudinoidea.
              Famille: Testudinidae Batsch, 1788.
                Genre: *Testudo* Linné, 1758.
                  Espèce : *T. graeca* Linné, 1758.
                    SS. Espèce : *T. g. graeca* Linné, 1758.
Nom français : Tortue mauresque, Tortue grecque.
      Nom anglais : Méditerranéen spur-thighed tortoise.
            Nom vernaculaire : *"Facron"*

I.3. Caractères morphologiques et coloration :

1.3.1. Dimorphisme sexuel :

La tortue mauresque est caractérisée par une taille relativement moyenne marquée par un dimorphisme sexuel en faveur des femelles (Braza *et al.,*1982 ; Willensen et Hailey, 1999 ; Andreu *et al.,* 2000 ; El Mouden *et al .,* 2002; Ben Kaddour K. *et al,* 2005).
Les mâles présentent un plastron postérieurement concave, une queue relativement longue et une plaque supracaudale fortement incurvée vers l'extérieur ; par contre les tubercules fémoraux sur les cuisses sont légèrement plus larges à la base chez les femelles (Slimani T. *et al.,* 2001; Highfield, A. C., 1990 ; Angel, 1946).
Testudo graeca ne dépasse guère 200 mm (longueur de la dossière) (En Espagne : Díaz-Paniagua *et al.,* 2005 ; Cesar A.F. *et al.,* 2001 ; Au Maroc: El Mouden *et al.,* 2002 ; Ben kaddour *et al.,* 2005; En Algérie : Rouag *et al.,* 2007)

1.3.2. Coloration :
En Europe et en Asie, la coloration est passablement variable. Le plus souvent la dossière est verte foncé à brune ou jaunâtre à olive pâle avec des dessins foncés au milieu et sur la périphérie des écailles. Le plastron est clair au centre et foncé aux bordures. La tête est de couleur jaunâtre, avec les taches noires ou complètement noire (Diaz-Paniagua C. *et al.,* 2005). En Afrique du Nord, la tortue mauresque présente une dossière de couleur pâle qui devient plus prononcée en se dirigeant vers les régions méridionales de son aire de répartition. La tête est tachetée de noir et de jaune (Highfield, A. C., 1990).

6

Figure 03. *Coloration de la dossière et du plastron chez la tortue mauresque*

I.3.3. Ecaillure :

Testudo graeca présente une carapace ossifiée formée d'une dossière (partie dorsale) et d'un plastron (partie ventrale). Les deux parties sont réunies entre elles par un pont et sont recouvertes d'écailles épidermiques cornées. Typiquement ; 1 plaque nucale (ou cervicale) (N), 5 vertébrales (V), 1 supracaudale (SC), 4 costales (C), 11 marginales (M), 1 axillaire (ax) et 1 inguinale (Ig) sur chacun des côtés. Au niveau du plastron : 2 gulaires (G), 2 humérales (H), 2 pectorales (P), 2 abdominales ou ventrales (V), 2 fémorales (F), 2 anales (A) (Fig.04). Les membres et la queue sont revêtus d'écailles cornées de dimensions variables (Díaz-Paniagua et Andreu, A. C., 2005).

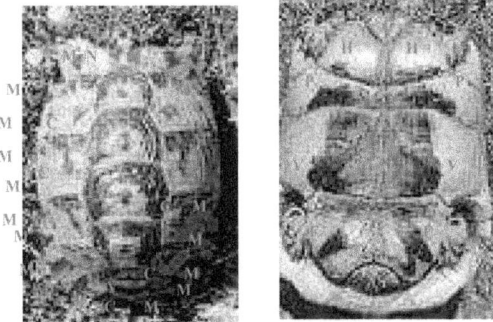

| Ecailles dorsales (dossière) | Ecailles ventrales (plastron) |

Figure 04. *Ecaillures de Testudo graeca graeca. Sur la dossière: N : nucale, M : marginales, V : vertébrales, C : costales, SC : supracaudale. Sur le plastron : G : gulaires, H : humérales, P : pectorales, V : ventrales, F : fémorales, A : annales.*

I.4. Distribution géographique :

Testudo graeca à une distribution générale principalement autour de la Méditerranée. On la rencontre au Nord-ouest de l'Afrique, depuis le Maroc Occidental jusqu'au Nord-est de la Libye, en passant par le Nord algérien et la Tunisie (Highfield A. C., 1990). En Europe, seuls quelques isolats sont localisés au Sud-ouest de l'Espagne et en Majorca dans les iles des Baléares (Diaz-Paniagua C. et *al.*, 2005). Valverde (1960) *in* Highfield (1990) reporte l'introduction de certains spécimens de *T. graeca* du Rif, au Nord du Maroc, dans la réserve naturelle de Doñana au S-W de l'Espagne. Des petites populations introduites sont également présentes sur les plaines côtières au sud de l'Italie, Sardaigne et la Sicile (Lambert, 1982). En Asie, sa distribution s'étale jusqu'en Asie Mineure, le Caucase, l'est de la Méditerranée en allant de la Turquie, Syrie, Liban jusqu'à l'Iran et au Pakistan (Fig. 05) (Ananeva *et al.*, 1998).

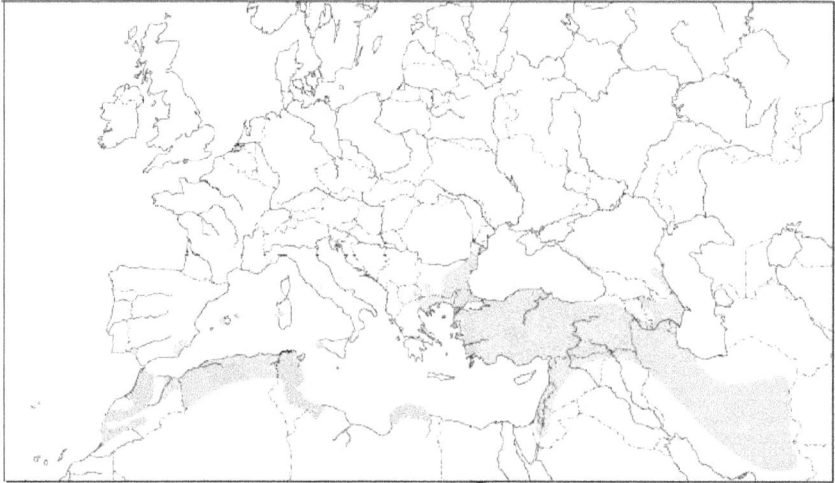

Figure 05. *Distribution géographique de Testudo graeca (combinée entre Loveridge et Williams, 1957; Bannikov et al ., 1977; Anderson, 1979 ; Lambert, 1983 ; Iverson, 1992; Bons and Geniez, 1996; Buskirk et al., 2001; Disi et al., 2001 in U.Fritz et al., 2009).*

I.5. Ecologie de *Testudo graeca* :

I.5.1. Habitat :

La tortue mauresque préfère les zones qui se caractérise par peu de pentes et dans les zones ouvertes riches en plantes herbacées (Díaz-Paniagua *et al.*, 2005) ou bien, comme au Maroc, dans les plateaux pierreux à couvert végétal de type steppique et des fonds d'oueds sablonneux le plus souvent à sec (Slimani T. *et al.*, 2001 ; Ben Kaddour *et al.*, 2006).

8

I.5.2. Activité :

L'activité journalière est essentiellement diurne. Elle est accrue au printemps jusqu'au début de l'été. Au sud de l'Espagne, le rythme annuel est marqué par deux saisons d'inactivité : une hibernation de novembre à février et une estivation à partir du fin juin jusqu'au début septembre (Diaz-Paniuagua *et al.,* 1996). Au Maroc, certaines populations côtières n'hibernent pas (températures moyennes mensuelles ne descendent pas au dessous de 14,8°C), tandis qu'elles estivent de juin à septembre (Raxworthy *et al.,* 1983 ; Bayley et Highfield, 1996).

I.5.3. Régime alimentaire :

La *Testudo graeca est* principalement herbivore (El Mouden *et al.,* 2006 ; Díaz-Paniagua et Andreu, A. C., 2005). Dans la réserve de Doñana, selon Andreu (1987) 81 espèces végétales différentes ont été décrites sans le régime des tortues terrestres, en choisissant beaucoup plus la partie aérienne (tige et feuille), soulignant des graminées, des légumineux, et des juncacées. Au Maroc, 36 espèces végétales ont été déterminées concluant qu'elle est un herbivore très sélectif. Díaz-Paniagua et Andreu, A. C., (2005), El Mouden *et al.,* (2006) considèrent quelques espèces végétales consommées par *Testudo graeca* comme antihelminthiques, alors qu'elles sont toxiques pour les mammifères. En plus de ces espèces de plantes sauvages, le régime de T. g. graeca comprennent également une grande variété de plantes cultivées (luzerne, des feuilles de pomme de terre, tomates, laitues, etc...).

Occasionnellement, leur régime alimentaire peut conclure des petits invertébrés ; notamment des lombrics et des escargots (El Mouden *et al.,* 2003 ; Bailey et Highfield, 1996)

I.5.4. Prédation :

Grâce à leurs retraits complets à l'intérieur de la carapace, renfermée par la rétraction des membres antérieurs qui sont blindés d'ostéodermes, les tortues bénéficient d'une protection efficace contre leurs prédateurs, au moins chez les adultes (Barje F. *et al.,* 2005). Les jeunes et à moindre degré les juvéniles, sont les plus vulnérables aux pressions de la prédation (Garcia *et al.,* 2003 ; Martin. F, 1984), leur coquille est molle et/ou pas assez pleine pour résister à beaucoup de prédateurs tels que des oiseaux (Lagarde *et al.,* 2001 ; Barje F. *et al.,* 2005), les serpents, *Malpolon monspessulanus* (couleuvre de Montpellier), les mammifères tels que les renards, les blaireaux, les corbeaux, et l'aigle royal, les rats, chat sauvage, la genette, la belette, les hérissons, et les chiens, le porc-épic (Schleich *et al.,* 1996 ; Garcia *et al.,* 2003). Au Maroc, les rats et les oiseaux, notamement la pie-grièche (*Lanius excubitor*) sont les prédateurs potentiels des œufs et des juvéniles (Bailey et Highfield, 1996 ; Barje. F *et al.,* 2005).

I.5.5. Reproduction :

La maturité sexuelle est généralement atteinte vers 7 à 8 ans chez les mâles et 9 à 10 ans chez les femelles (Diaz-Paniagua *et al.,* 1996; Ben kaddour *et al.,* 2005 ; Rouag *et al.,* 2007). Les mâles se caractérisent par leur rivalité (hochement de tête, affrontement et chocs de carapace et morsures), lors de la période des accouplements. Ces derniers commencent au printemps et continuent jusqu'au début de l'été, entre février et mai, et sont aussi observés durant les mois d'octobre et de novembre (Diaz-Paniagua *et al.,* 1996 ; Schleich *et al.,* 1996 ; Andreu *et al.,* 2000). La période de nidification s'étend communément d'avril à juin. La plupart des femelles se reproduisent annuellement avec une fréquence de 1 à 4 pontes de taille variable entre 3 à 5 œufs déposés dans des cavités de 10 - 14 cm de profondeur, sur des largeurs moyennes de 121 x 109 mm. La taille moyenne des œufs est de 33,9 x 28 mm, et leur poids moyen est de 14,4 g (Diaz-Paniagua *et al.*, 1996). L'émergence des jeunes nouvellement-éclos a lieu en automne à partir de septembre après une période d'incubation entre 67 à 129 jours (Diaz-Paniagua *et al.*, 1996).

I.5.6. Longévité :

En captivité, la tortue mauresque peut atteindre un âge très avancé, jusqu'à plus d'un siècle (Flower, 1925 *in* Braza *et al.*, 1981). Dans la nature sa longévité est réduite à un peu plus de 40 ans (Lambert, 1982). Au Sud-Ouest de l'Espagne, elle est seulement de 20 ans (Braza *et al.*, 1981). Au Nord-est Algérien, Rouag *et al.*, (2007) ont noté que l'individu le plus âgé était de 24 ans.

I.5.7. Statut écologique :

En Afrique du Nord, l'espèce a été sévèrement épuisée de la majorité de ses habitats, surtout au Maroc et le Nord-ouest de l'Algérie (Lambert, 1982).

C'est une espèce de tout temps recherchée comme animal de compagnie. De fait, ce fut une des tortues terrestres les plus commercialisées comme tortue de jardin et animal familier, avec d'importants prélèvements dans la nature.

Lambert signale pour la seule année 1969 plus de 300 000 tortues extraites du Maroc, pour le commerce d'animaux de compagnie, surtout destinées à l'Angleterre. L'espèce fut alors protégée en annexe « II » de la convention de Washington, au "Red Data Book", catégorie "vulnérable ; en annexe « A » du règlement européen (European Union Wildlife Trade Regulation 3626/81), et protégée particulièrement en France par un arrêté de protection de la faune française, au même titre que la tortue d'Hermann.

En Algérie, cette espèce figure dans la liste des espèces protégées, mais un risque de morcellement de son habitat peut nuire aux populations. Les différentes causes de raréfaction sont les suivantes :

- la dégradation et la fragmentation de l'habitat dues à l'augmentation des cultures intensives.
- L'impact négatif de surpâturage : La modification de structure et de fonctionnement des écosystèmes situées dans les zones de parcours du bétail est la cause d'une régression importante des populations des tortues en Afrique du Nord (El Mouden. E, *et al.*, 2004).
- Destruction des habitats (urbanisation, autoroutes, désertification, etc.)
- Capture comme animal de compagnie et/ou sacrifice pour récupérer les carapaces.
- Incendies de forêts.

I. 2. Les modèles parasites :

I. 2. 1. Le modèle ectoparasite (tique) :

Les tiques sont des arthropodes, ce qui signifie étymologiquement « aux membres articulés », en raison d'un exosquelette chitineux nommé cuticule. Ce sont des acariens dont on connaît plus de 850 espèces dans le Monde, réparties en quatre familles : Les tiques dures, *Ixodidae et Amblyommidae*, les plus grandes des acariens (**2-30 mm**) représentent environ 670 espèces connues ; elles possèdent des zones de tégument chitinisé dur. Les *Argasidae*, environ 180 espèces, ont un tégument sans sclérification qui leur vaut le nom de "tiques molles". Un seul représentant des *Nuttalliellidae* a été identifié, il appartient à une famille intermédiaire entre les deux précédentes. (Camicas JL et al 1998 ; Morrel, 2000).

Les tiques appartenant à la famille des *Ixodidea* sont des éctoparasites hématophages communs de la faune domestique et sauvage, que l'on trouve en grand nombre pendant les périodes les plus sèches de l'année (**Morel P.C. 1965**). En se fixant sur la peau de l'hôte, elles injectent une multitude d'agents pathogènes (Soulsby, 1982 in A. Z. Durrani et al., 2008).

I. 2. 1. 1. Description

Les Ixodidés ont un corps non segmenté, formé de 2 parties. À l'avant le gnathosome (GN) ou capitulum. À l'arrière l'idiosome formé d'une cuticule souple et extensible permettant la réplétion ; sur la face dorsale se trouve une plaque, le scutum, dont la taille est variable selon le sexe et les espèces. Les pattes sont formées de 6 segments : coxa, trochanter-fémur, patelle, tibia, tarse terminé par une ventouse (pulville) et 2 griffes (respectivement: C, Tr et Fémur, Pa, T, TA, P) (Fig 06) (Goodman JL, *et al.*, 2005; Pérez-Eid. C., 2007).

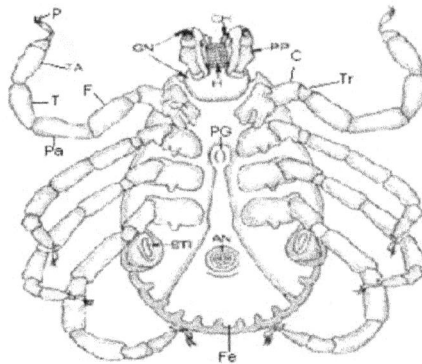

Figure 06. Structure morphologique d'une tique

I. 2. 1. 2. Systématique

Les tiques sont des arthropodes appartiennent à la classe des Arachnides et à la sous-classe des Acariens (Fig.07.). Dans le groupe des tiques, les considérations morphologiques et biologiques permettent de distinguer trois sous-ordres :

> - Les Argasina qui sont les tiques molles, caractérisée par un tégument mou. Elles prennent des repas courts mais fréquents. On en compte 170 espèces.
> - Les Ixodina qui sont les tiques dures, caractérisées par un tégument lise avec des zones sclérifiées dures. Elles prennent des repas volumineux qui durent plusieurs jours, à raison d'un seul repas par stade. On en compte 670 espèces.
> - Les Nuttalliellina, présents seulement en Afrique, dont la biologie est encore mal reconnue

La synthèse de Camicas *et al.*, constitue la référence majeure francophone en taxonomie des tiques avec 869 espèces ou sous espèces répertoriées au premier janvier 1996 (Camicas *et al.*, 1998 *in* C. Socolovschi, *et al.*, 2008). Ainsi qu'en 2004, on dénombrait 899 noms validés dans la littérature anglosaxone. En Afrique, il existe 223 espèces de tiques, dont 180 tiques dures et 43 tiques molles (Barker SC., *et al.*, 2008 *in* C. Socolovschi, *et al.*, 2008).

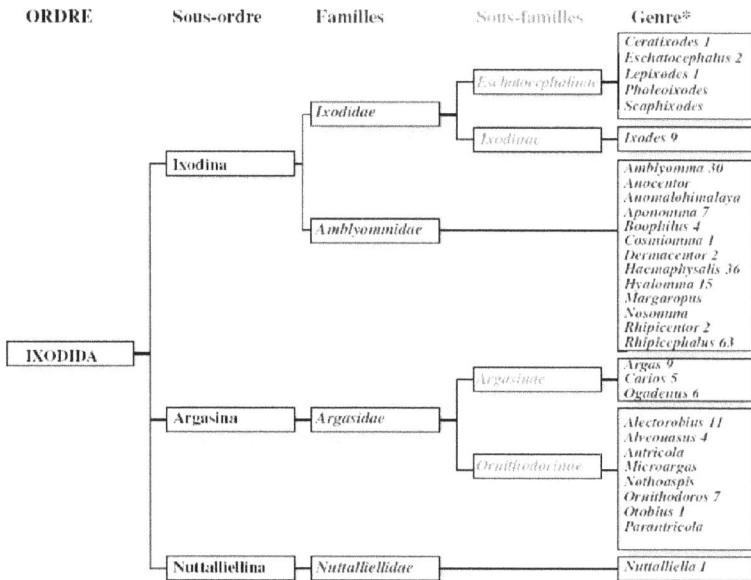

Figure 07. *Classification des tiques (Camicas et al,. 1998 in C. Socolovschi, et al., 2008). *genres représentés par une ou plusieurs espèces dans la faune africaine, le nombre d'espèces présentes dans la région afrotropicale est indiqué en astérisque.*

I. 2. 1. 3. Cycle de vie

Le cycle évolutif des *Ixodidae* se déroule en trois stases (Fig 08) (Needham .G.R et Teel .P.D, 1991 *in* C. Socolovschi, *et al.,* 2008) :

De l'œuf naît une larve hexapode, infra-millimétrique, à peine perceptible à l'œil nu. Après s'être fixée pendant quelques jours sur un vertébré pour se gorger lentement de sang, elle se laisse tomber sur le sol, pour digérer et muer.

En une nymphe octopode mesurant environ un millimètre à jeun. Le deuxième repas de sang est pris dans les mêmes conditions de durée. La nymphe repue mesure alors 2 mm, elle se détache et tombe au sol pour muer.

En une tique adulte de 3 à 4 mm. La femelle, après copulation, devra une dernière fois se gorger pleinement de sang, jusqu'à prendre la taille d'un petit pois. Ce repas lui permettra de pondre de 1 000 à 20 000 œufs, selon l'espèce et le sang ingéré, avant de se dessécher et de mourir.

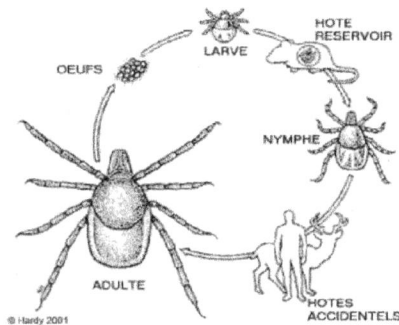

Figure 08. Cycle de vie des tiques

1. 3. Le modèle endoparasite (hemoparasites) :

Les hémoparasites sont des protozoaires parasites qui possèdent un large spectre d'hôtes (reptiles, oiseaux et mammifères). Ils présentent un cycle de développement réalisé dans un hôte intermédiaire hématophage (vecteur), qui absorbe le parasite lors d'un repas sanguin et l'injecte à son hôte définitif lors d'une piqûre ultérieure. Les vecteurs diptères sont relativement mal connus pour la grande majorité des espèces de parasites. On peut cependant distinguer des familles et des genres de vecteurs en fonction des parasites (Valkiūnas, 2005) :

-*Plasmodium* est transmis par des *Culicidae* (essentiellement des genres *Culex, Culiseta, Aedes, Anopheles* et *Mansonia*).

- Haemoproteus est transmis par des *Ceratopogonidae* et des *Hippoboscidae*.
- Leucocytozoon est transmis par des *Simulidae*.

Le cycle parasitaire est complexe. A chaque étape, le parasite est exposé aux moyens de défense de l'hôte. Cependant, une bonne partie du cycle est complétée à l'intérieur des cellules de l'hôte. Enfin, il semble que la rupture des érythrocytes qui libère les mérozoïtes dans le sang soit fréquemment synchronisée, ce qui conduit à la libération d'un nombre important de parasites et donc « submerge » le système immunitaire de l'hôte (Valkiũnas, 2005). Les Haematozoaires sont un modèle parasitaire intéressant car ils sont facilement détectables par l'analyse des frottis sanguins qui représente une méthode de détection peu coûteuse et qui ne nécessite pas de sacrifier l'hôte. Ces parasites ont fait l'objet de nombreux travaux en écologie et en évolution. On sait qu'ils peuvent être hautement pathogènes dans certaines situations (Valkiũnas, 2005).

II. Présentation de la région d'étude :

II.1. Présentation de la région d'Aflou:

II.1.1. Situation Géographique :

La ville d'Aflou est le Chef lieu de la daïra, elle est rattachée à la wilaya de Laghouat et occupe une superficie de 1216 Ha. Cette ville se situe sur les monts de l'Atlas saharien, au cœur de Djebel Amour à 1400 m d'altitude et orientée Nord-Ouest de sa Wilaya (B.E.H.Y.G.E.R, 2007) (Fig.09).

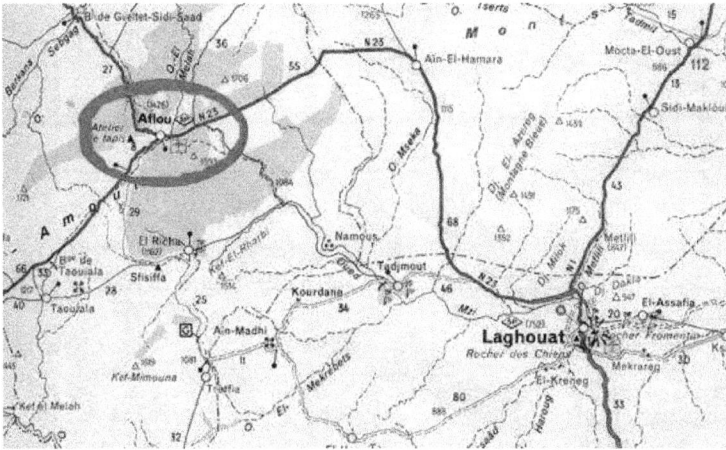

Figure 09. *Localisation géographique de la région d'Aflou*

La commune d'Aflou est limitée au Nord par la commune de Sidi-Bouzid, à l'Est par la commune d'Oued Morra, au Sud par la commune d'El-Ghicha et à l'Ouest par la commune de Sebgag (B.E.H.Y.G.E.R., 2007). Géographiquement, la ville d'Aflou se situe entre le parallèle 30°5' de latitude nord, et 2°5' de longitude Est (S. A. A, 2010)

II.1.2. Climatologie générale :

Le climat régional est de nature semi aride de l'Atlas Saharien, sec et chaud en été (Juillet – Aout) et très froid en hiver (Octobre – Mai) (Fig 10), ou l'action de la méditerranée s'estompe, pendant que s'affirme les influences sahariennes.

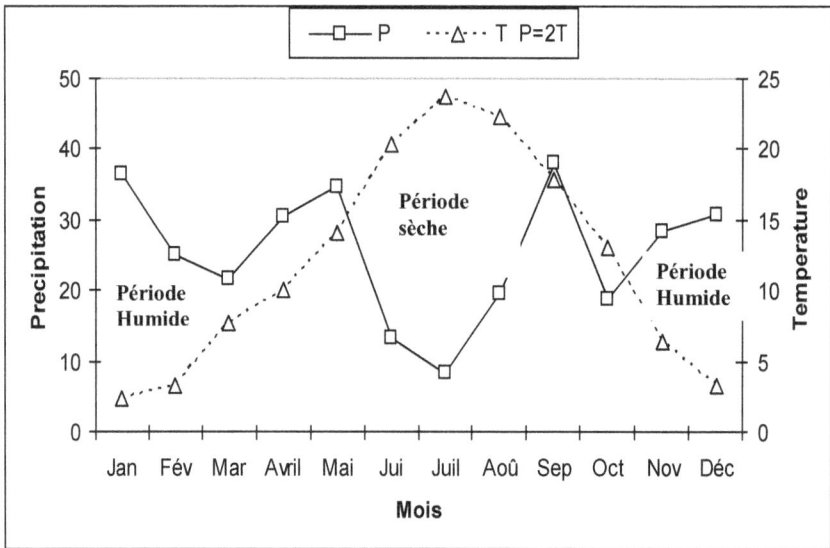

Figure 10. *Diagramme Ombrothermique de Gaussen (Données O.N.M., 2010) : P : Précipitation ;*
T : Température.

La température moyenne de la région est de 13.1 °c. Les températures de l'été n'atteignent jamais 40°c Les précipitations varient de 300 mm à plus de 400 mm annuellement, avec une moyenne de 305,38 mm/ans. Le caractère orageux des précipitations est marqué au cours des pluies d'automne et de printemps (O.N.M., 2010).

Tableau 01. *Données climatiques des Températures et des Précipitations de la zone d'étude (Moyennes annuelles de 1996-2006) (O.N.M., 2010) : P : Précipitation ; T° : Température.*

Mois	Jan	Fév	Mar	Avril	Mai	Jui	Juil	Aoû	Sep	Oct	Nov	Déc
P	36,44	25,07	21,60	30,30	34,71	13,40	8,46	19,50	38,10	18,70	28,30	30,80
T°	2,35	3,25	7,70	10,10	14,06	20,25	23,80	22,30	17,80	13.00	6,39	3,20

L'humidité relative interannuelle est égale à 53 %, les valeurs extrêmes sont 73% dans le mois de décembre et 32% dans le mois de juillet, août.

Les vents dominants sont de direction Nord-Ouest, modérés à forts en hiver, soufflant une grande partie de l'année. En période estivale, les vents d'origine Sud-Ouest et Sud-Est se caractérisant par le « SIROCO » se manifestant par l'érosion éolienne provoquant une évaporation intense (O.N.M., 2010).

16

II.2. Présentation du site d'étude :

II.2.1. Critères de choix du site d'étude:

Le site d'étude se situe entre la latitude 34° 27' N et entre la longitude 2° 13' E, dans une région appelée « Djellel », à 30 Km au Nord-est de la ville d'Aflou.

Nous avons choisi de déterminer un site d'échantillonnage sur la base de deux critères (Fig.11) :

- Ce milieu peu anthropisé présente un site où la densité de tortues est plus élevée que dans d'autres milieux naturels.
- Le site est accessible.

II.2.2. Description du site d'étude :

Cette étude a été effectuée dans la région de Djellel (Aflou) au cœur des monts de Djebel Amour. C'est une zone steppique ouverte qui se caractérise par une végétation buissonnante typique, avec la présence de plusieurs faciès à savoir (C.G.F, 2008) ;

Figure 11. *Structure de végétation du site d'étude.*

Un faciès à alfa (*Stipa tenacissima*), sur les glacis supérieurs et moyens. Ce faciès riche en annuelles, connaît une dégradation importante suite aux actions anthropiques.

Un faciès à Armoise blanche (*Artemisia herba-alba*) sur glacis moyens sur des sols à croute calcaire.

Un faciès à sparte (*Lygeum spartum*) sur formations sableuses relativement mobiles, ce faciès présente une fluctuation de point de vue superficie selon l'extension de sable.

Reste à signaler la présence dans cette région des actions de reboisement par le pin d'Alep (*Pinus halepensis*) dans la région de transition entre les piedmonts encroutés de la bordure nord de l'Atlas saharien qui s'inscrit dans le grand projet du barrage vert. Cette bande de reboisement peut être considérée comme zone de transition avec la steppe arborée à Genévrier de Phénicie (*Juniperus phoenicea*) et Genévrier oxycèdre (*Juniperus oxycedrus*), qui provient de la dégradation plus ou moins récente de formations forestières primitives.

III. Méthodes d'échantillonnage :
III.1. Période d'étude:
L'étude a été réalisée durant la période d'activité des tortues, de la mi-avril à la fin Mai 2010, dans une région à climat semi aride appelée « Djellal » située à 10 Km au Nord-est d'Aflou.

III.1.1. Système de marquage :
La capture des spécimens s'est effectuée à la main lorsque les tortues sont actives et en cherchant intensivement à l'intérieur des touffes de végétation. Elles sont marquées individuellement par des incisions sur les 11 écailles marginales de la carapace de chaque coté (Highfield A. C., 1990 ; Ben kaddour et al., 2005; Rouag et al., 2007 ;Stubb D. et al.,1984). Le code de marquage est celui utilisé par Cagle (1939) ; Bury et al., (1977). La lecture se fait de la tête vers la queue. Les marginales droites correspondent aux numéros 1, 2, 3, 4, 5, 6, 7, 8, 9, 10, 300 , et les marginales gauches aux numéros 20, 30, 40, 50, 60, 70, 80, 90, 100, 200, 700. L'écaille supracaudale est incisée à gauche pour le numéro 1300 et à droite pour le numéro 2600 (Fig.12). Cette codification permet de numéroter jusqu'à 5300 individus.

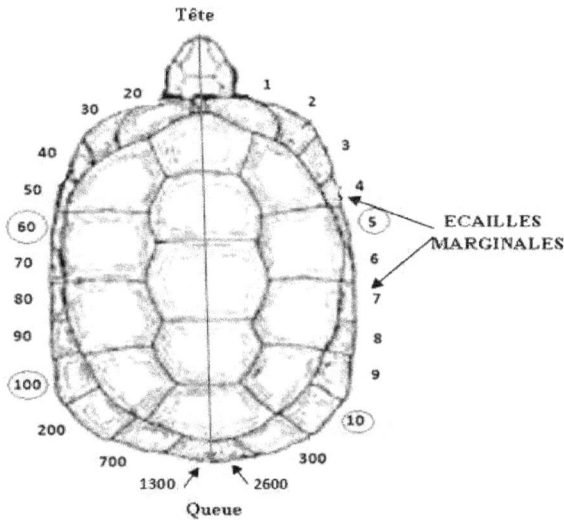

Figure 12. *Système de codage utilisé chez la population étudiée de Testudo graeca.*

Le sexe est déterminé en se basant sur les caractères (Angel, 1946 ; Díaz-Paniagua et Andreu, A. C., 2005, 1997; Highfield, A. C., 1990) résumés dans le tableaux ci-dessous (Tab.02).

Tableau 02. *Caractères morphologiques utilisés pour la distinction entre les mâles et les femelles chez Testudo graeca (Angel, 1946 ; Díaz-Paniagua et Andreu, A. C., 2005, 1997; Highfield, A. C., 1990).*

Caractères	Mâles	Femelles
-Surface plastrale	-postérieurement concave	-plate
-Forme de la supracaudale	-convexe	-plate
-Position de l'ouverture cloacale sur la queue	-presque au milieu	-proche de la base
-Forme de la queue	-longue, épaisse à la base	-courte

III.1.2. Structure d'âge :

L'age a été déterminé en comptant le nombre d'anneaux de crioissance (AC) se forment périodiquement au niveau des écailles de la carapace (Ben Kaddour K. *et al.*, 2005). les juvéniles éclosent à l'automne (Bayley et Highfield, 1996; Keller *et al.*, 1997; Ben Kaddour *et al.*, 2005), où le dépôt deleur premiére anneau de crioissance au cours du printemps suivant leur éclosion ; les anneaux de criosssance successifs correspondent donc à des marques annuelles de croissance depuis l'éclosion (Ben Kaddour K. *et al.*, 2005).

19

La croissance des bourrelets épidermique (ou, "*annuli*") ornant les écailles épidermiques de la carapace répond aux changements saisonniers de l'environnement ; pendant chaque saison principale de croissance un nouvel anneau est apparu. Cette périodicité saisonnière peut être employée comme mécanisme de synchronisation pour estimer l'âge (Zug George R., 1991 ; Stubbs, D. *et al.*, 1984). Cette méthode de dénombrement des anneaux de croissances (AC) demeure largement utilisée pour l'estimation de l'âge chez les tortues (Willemsen R. E. *et al.*, 2002; Willemsen R. E. et Hailey A., 2003 ; Diaz-Paniuagua C., *et al.*, 1996 ; Hailey A. and Willemsen R. E., 2000; Lagarde F., *et al.*, 2002; Ben kaddour *et al.*, 2005 ; Zug George R., 1991 ; Stubbs, D. *et al.*, 1984 ; Rouag *et al.*, 2007). L'utilisation des anneaux de croissance des écailles cornées offre plusieurs intérêts ; Leur observation est directe, ne nécessite aucune préparation préalable, n'entraîne aucun traumatisme pour les animaux, et est faisable pour des études sur le terrain (Castanet, 1988 *in* Ben kaddour *et al.*, 2005).

III.1.3. Morphométrie
Plusieurs mensurations ont été prises pour caractériser notre population (Ben Kaddour *et al.*, 2006 ; Rouag *et al.*, 2007 ; Stubbs *et al.*, 1984) :

- Le Poids corporel (PC).
- La longueur de la carapace entre la nucale et la supracudale (LC).
- La hauteur maximale (H).

Toutes les mesures linéaires ont été faites à 0,1 mm près au moyen d'un pied à coulisse électronique. Le poids est mesuré à l'aide d'une balance électronique.

Généralement, la taille minimale à la maturité est plus grande que la taille minimale à laquelle nous pouvons déterminer le sexe. En conséquence, les individus qui ont une longueur de carapace plus grande que 100 mm contiennent des adultes et des secondaire-adultes dont on peut aisément déterminer le sexe.
Pour simplifier, nous avons considéré les individus dont la longueur de dossière est inférieure à 100 mm comme juvéniles, sans référence au sexe.

III.1. 4. Prélèvement du sang :
Les tortues ont été retenues physiquement pour permettre le prélèvement de sang. Une petite quantité de sang a été prélevée par individu à partir de la veine brachiale (Lopez-Olvera J. R., 2003; Samour *et al.*, 1984; Marks et Citino, 1990; Jackson, 1991; Gobel et Sporle, 1991; Muro *et al.*, 1994 ; Murray, 2000 ; Campbell, T. W., 2004 ; Steven J., *et al.*, 2004; Reavill 1994 ; Tiar. G., *et al.*, 2010). Ce choix d'emplacement de venipencture est le plus fiable contre les biais liés à la contamination par la lymphe, plus cohérent que la veine coccygienne dorsale Lopez-Olvera J. *et al.*, (2003) ; Jackson, (1991) ; Muro *et al.*, (1994) ; Murray, (2000), et moins stressant que par la veine jugulaire ou l'artère carotide qui exigent une coopération de l'animal ou une extension manuelle de la tête, ce qui peut être difficile ou même impossible pour quelques individus (Lopez-Olvera J. *et al.*, 2003).

Tous les échantillons de sang ont été obtenus entre mai et juin 2010, pour éviter l'effet de la saison sur le statut physiologique des tortues et par la suite altérer les résultats des paramètres hématologiques. Ces échantillons ont été prélevés à l'aide de seringues sous-cutanées jetables en plastique 23 G de 2.5 ml ; chaque seringue est insérée suivant un angle de 30° à 60° en maintenant l'animal stable (Lopez-Olvera J. *et al.*, 2003 ; Z. Knotkova *et al.*, 2002).

III.1.4.1 Préparation des Frottis sanguins :
Les frottis sanguins ont été préparés juste après le prélèvement direct du sang frais et sans l'utilisation d'anticoagulant pour empêcher n'importe quelle influence possible d'anticoagulant sur la morphologie des cellules. Une goutte de sang frais est déposée sur le bord d'une lame dégraissée et étalée sur toute la surface avec une deuxième lame ajustée suivant un angle de 45°. Une fois le frottis réalisé, la lame est laissée séchée à l'air libre sous un couvercle aéré pour éviter son altération par la poussière, puis étiquetée suivant le code de l'individu correspondant, tout en mentionnant le lieu et la date du prélèvement.

III.1.4.2. Coloration des Frottis :
Les frottis sont colorées par la coloration spécifique Mai-Grünwald Giemsa-Romanowski (MGG) (Petithory J.C. and Ardoin F., 2005 ; Giemsa, G. 1904 ; Z. Knotkova *et al.*, 2002).

III.1.5 Paramètres hématologiques :
Les paramètres hématologiques ciblés dans notre étude sont obtenus par l'observation microscopique des lames préparées au grossissement x 100 avec de l'huile à immersion.

III.1.5.1 Descriptions des caractéristiques morphologiques des cellules sanguines :
La reconnaissance des différentes cellules sanguines normales et anormales repose sur leur coloration et leur aspect morphologique (Hawkey C. M. et Dennett T. B., 1989; Knoktova Z. *et al.*, 2002). Principalement, on distingue trois groupes de cellules sanguines nommés comme suit : érythrocytes, leucocytes et thrombocytes.

III.1.5.2. Comptage différentiel des globules blancs :
Nous avons estimé le pourcentage différentiel des leucocytes, important pour la détermination de l'état sanitaire des animaux (Knoktova Z. *et al.*, 2002) pour 100 leucocytes.

III.1.6. Parasitologie :
III.1.6.1. Etude du modèle ectoparasite :
III.1.6. 1. 1. Identification des ectoparasites :

Les tiques ont été récoltées de différents emplacements des tortues à l'aide de pinces métalliques, et immédiatement conservées dans des tubes contenant de l'éthanol à 70%. Les tubes ont été étiquetés en portant le code correspondant à chaque individu examiné (P. Siroky *et al.*, 2006). Pour chaque individu, le nombre et l'emplacement des tiques prélevées a été enregistré pour les éventuelles analyses statistiques.

On a préconisé l'emplacement des sites d'attachement des tiques figurés ci-dessous :

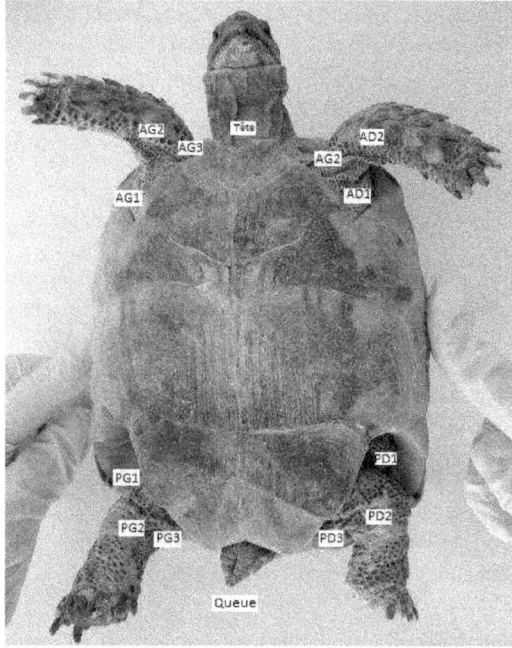

Figure 13. *Sites d'attachement des tiques à Testudo graeca :*

AD1 : site antérieur droit 1 ; AD2: site antérieur droit 2; AD3: site antérieur droit 3; AG1: site antérieur gauche 1; AG2: site antérieur gauche 2; AG3: site antérieur gauche 3; PD1: site postérieur droit 1; PD2: site postérieur droit 2; PD3: site postérieur droit 3; PG1: site postérieur gauche 1; PG2: site postérieur gauche 2;PG3: site postérieur gauche 3.

III.1.6. 1. 2. Identification des ectoparasites :

Les tiques ont été identifié sous stéréoscope en se référant aux clés d'identification morphologiques de Hoogstraal, (1956); K.Meddour Bouderda et A. Meddour (2006) et Morel (1981). L'*Hyalomma aegyptium* étant l'espèce présente sur la population d'étude (Fig. 14 et 15).

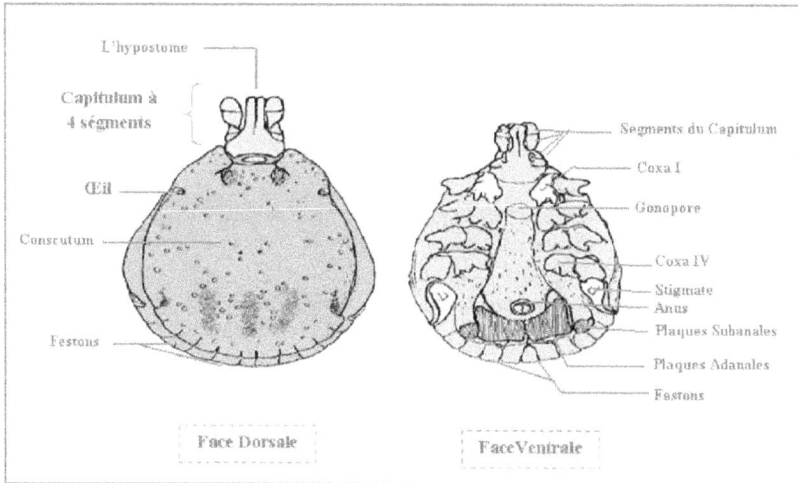

Figure 14. *Description d'un male de 'H.aegyptium (K.Meddour Bouderda et A. Meddour, 2006)*

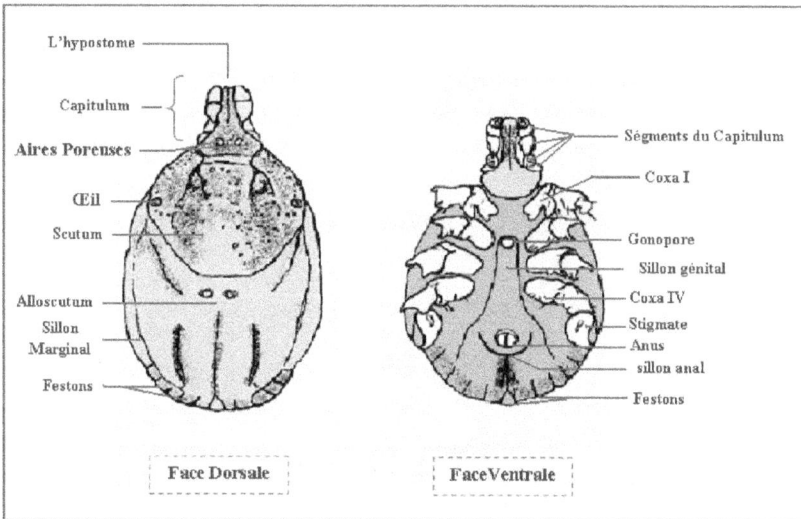

Figure 15. *Description d'une femelle de H.aegyptium (K.Meddour Bouderda et A. Meddour, 2006).*

III.1.6.2. Etude du modèle hémoparasite:

III.1.6.2. 1 Identification d'hémoparasites:

La taxonomie repose surtout sur la morphologie et les caractéristiques propres à chaque hémoparasite, nous avons utilisé :

Pour les *Haemoprotéidae* : Les clefs de détermination de Valkiũnas (2000) et Barroca (2005). La distinction entre *Plasmodium* et *Haemoproteus* est délicate, voire impossible, quand l'examen microscopique du frottis sanguin ne permis d'observer que des gamétocytes; c'est pourquoi, lorsque des gamétocytes ont été le seul stade observé, on a opté à regrouper ces deux genres dans une seule catégorie appelée "*Plasmodium*/*Haemoproteus*".

III.1.6.3. Quantification parasitaire :

Pour quantifier l'infestation par les tiques, on a opté de dénombrer les tiques collectées globalement et par site d'attachement.

L'infestation par les hémosporidies est détectée par un examen microscopique des frottis sous le rapport optique élevé (×100 objectif à immersion dans l'huile, oculaire ×10). L'estimation de l'intensité de l'infestation parasitaire correspond au nombre de cellules infestées pour 10 000 érythrocytes (Siroky P. *et al.*, 2005 ; Basto *et al.*, 2006 ; Tiar G., *et al.*, 2010).

En lisant les frottis sanguins, et en dénombrant les tiques collectées, on a pu déterminer la prévalence, l'intensité et l'abondance en parasites (ectoparasites et hémoparasites):

- **Estimation de la prévalence (Pr)** : C'est le nombre des individus parasités (nP) sur le nombre des individus examinés (N).

$$Pr = nP / N \times 100$$

- **Intensité moyenne parasitaire (I moy %)** : C'est le rapport de la somme d'une espèce parasite (n) sur le nombre des spécimens infestés (nP).

$$I \% = \Sigma n / nP$$

- **Abondance parasitaire (A)** : C'est le rapport de la somme de pourcentage d'une espèce parasite (n) sur le nombre total des spécimens examinés (N).

$$A \% = \Sigma n / N$$

III.7. Analyses statistiques :

La description des variables morphométriques, hématologiques et des hémoparasites; La moyenne, l'écart type, la médiane, le minimum et le maximum ont été déterminés pour chaque paramètre. Nous avons employé l'analyse de la variance (ANOVA), le test t et le KrusKal-walis pour les comparaisons entre des données paramétriques et non-paramétriques. Les résultats seront considérés significatifs à $p < 0.05$.

On a cherché à expliquer la relation entre la charge parasitaire (hemoparasitaire et ectoparasitaire) et les paramètres morphométriques et physiologiques des tortues. Les analyses statistiques ont été réalisées sous Statistix 0.8.

IV. 1. Morphométerie :
    Les mensurations morphométriques des 62 tortues capturées sont mentionnées dans **l'annexe I.**

IV. 2. Parasitologie :

II. 1. Le modèle ectoparasite :

IV. 2. 1. 1. Identification de la tique *Hyalomma aegyptium*:
    Par observation directe à l'œil nu, on a pu facilement distinguer les males et les femelles de *Hyalomma aegyptium* (**Fig 14.**).
    La femelle d' *Hyalomma aegyptium* a une taille plus grande que le male. Elle a une face dorsale muni d'un scutum recouvrant la partie antérieure seulement, alors que chez le mal, il recouvre toute la face dorsale.

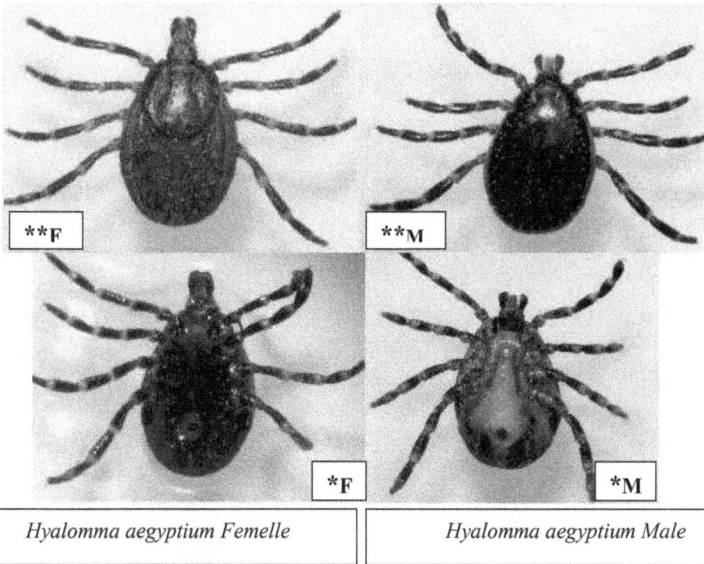

**F	**M
*F	*M

| *Hyalomma aegyptium Femelle* | *Hyalomma aegyptium Male* |

Figure 16. *Aspect morphologique de Hyalomma aegyptium :* * : Face Ventrale ; ** : Face Dorsale*

    Le seul stade qui a été observé est le stade adulte, notant la présence de quelques femelles gorgées de sang, apparus avec une taille extrêmement grande qu'à l'état à jeun (Fig 17).

Figure 17. *Aspect morphologique d'une femelle d' Hyalomma aegyptium gorgée de sang.*

On a identifié l'espèce *Hyalomma aegyptium* suivant les critères morphologiques désignés sur les tableaux ci-dessous :

Tableau 03. *Critères morphologiques de l'identification d'une femelle Hyalomma aegyptium*

Organes Extérieurs	*H. aegyptium* **Femelle**	
Capitulum	Ségmenté en 4 ségments et centré par un hypostome	
Scutum	Sclérifié seulement sur la partie antérieure de la phase dorsale, à ponctuations contrastées et pores interstitiels fins et dispersés.	
Sillons	2 Sillons marginaux sur la face dorsale Un Sillon génital sur la face ventrale Un sillon anal sur la face ventrale	
Œil	yeux marginaux hémisphériques dans une cavité orbitaire sur le scutum	

stigmate	Margino-postéro-anale situé sur la plaque ventrale superposé par le Coxa IV	
Gonopore	A lèvre postérieure mince et à relief antérieur convexe, à angles arrondis	
Festons	Séparés et bien définis : limite entre les festons des paires II et III non marquée	
Coxa I	A éperons divergents de longueur moyenne	
Aire poreuse	Présentes sur la base du capitulum	
Alloscutum	Situé dans la région antéro-médiane à aspect bombé	
pattes	4 pattes à coloration marbré ou uni qui se termine par des griffes	

| Anus | A contour arrondi, situé dans la région postérieure de la face ventrale, | |

Tableau 04. *Critères morphologiques de l'identification d'un male Hyalomma aegyptium*

Organes Extérieurs	Caractéristiques	Illustration
Capitulum	Ségmenté en 4 ségments	
Scutum	Appelé aussi Conscutum, recouvrant toute la face dorsale, à champ postérieur criblé où les fosses médianes et paramédianes sont peu distinctes et contrastants avec les champs paramédians postérieurs nettement en relief et peu ponctués	
Sillons	Sillon marginal et scapulaires réduits ou nuls sur la face dorsale	
oeil	yeux marginaux hémisphériques dans une cavité orbitaire sur le scutum	
stigmate	Margino-postéro-anale situé sur la plaque ventrale superposé par la Coxae IV	

28

Gonopore	Présent de forme circulaire dans la région antérao-ventrale	
Festons	Bien marqués : limite entre les festons des paires II et III non marquée	
Coxa I	Coxa I à éperons longs et parallèles, séparés par une fente allongée	
Aire poreuse	Absents	/
Anus	Présent dans la région postéro-ventrale, de forme arrondie	
Plaques adanales	de 1 à 1,5 fois plus longues que larges	
Pattes	4 pattes à coloration marbré ou uni qui se termine par des griffes	

IV. 2. 1. 2. Quantification de la tique *Hyalomma aegyptium* :
IV. 2. 1. 2. 1. Quantification de la charge parasitaire des tiques :

Sur un total de 62 tortues, on a pu quantifier 37 individus infesté par *Hyalomma aegyptium* reparties sur 14 males, 18 femelles et 02 juvéniles (Fig 18.).

La charge individuelle maximale en tiques accrochés est de 15 tiques (10 tiques males, et 5 tiques femelles) enregistrée chez une femelle âgée de 23 ans.

La charge parasitaire moyenne de la population *T. graeca* est de 1.69 ± 2.72 divisée en 1.27± 1.99 de tiques males et 0.41 ± 0.98 de tiques femelles

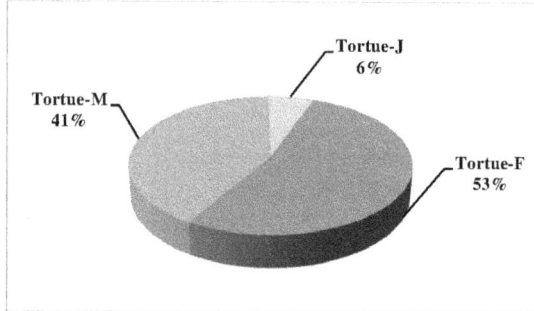

Figure 18. *Présentation des proportions des individus infestés par Hyalomma aegyptium : M : Males ; F : Femelles ; J : Juvéniles.*

La prévalence totale d' *Hyalomma aegyptium* est de 59.67 % d'un nombre global de 105 tiques collectées.

L'intensité moyenne totale de l'infestation par *Hyalomma aegyptium* est de l'ordre de 2.83 ; plus importante chez les femelles que chez les males avec des valeurs respectives de 3.72 et 2.57 et beaucoup plus faible chez les juvéniles avec une valeur de 1.00.

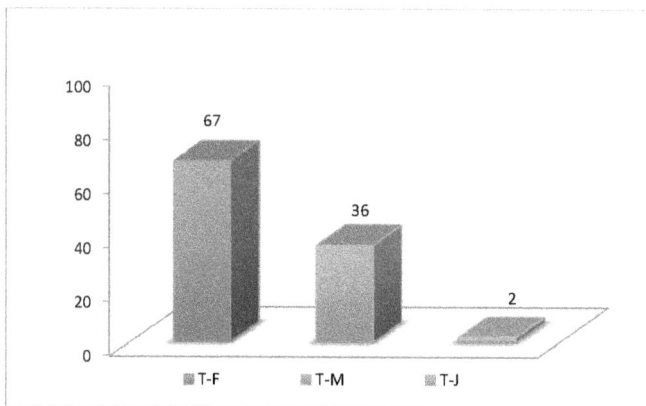

Figure 19. *Présentation des proportions des tiques Hyalomma aegyptium infestant les trois catégories d'age chez Testudo graeca : T-M : Tortues Males ;T- F : Tortues Femelles ; T-J : Tortues Juvéniles.*

L'abondance est également très faible dans la population étudiée, avec une valeur de 1.69 seulement.

30

Les données des paramètres statistiques descriptifs (prévalence, intensité, abondance) détaillées de l'infestation ectoparasitaire par *Hyalomma aegyptium* sont récapitulées dans le tableau ci-dessous :

Tableau 05. *Fréquence d' Hyalomma aegyptium chez Testudo graeca.*

Effectif	Nombre examiné	Nombre infesté	Prévalence (%)	Abondance	Intensité moyenne	Parasitime: Mean ± SD ; Min – Max
Mâles	32	14	43.75	1.12	2.57	1.12 ± 1.4 ; 0 – 6
Femelles	27	18	66.66	1.08	3.72	2.48 ± 3.72.; 0 – 15
Juvéniles	3	2	66.66	0.66	1.00	1.7 ± 2.72 ; 0 – 15
Population Entière	62	37	59.67	1.69	2.83	1.69 2.72 ; 0 – 15

IV. 2. 1. 2. 2. Quantification de la charge des tiques par site d'attachement :

Globalement, les tiques sont concentrées sur la partie postérieure de la cavité du plastron (93.33%) que celui de la partie antérieure (6.66%) peu ou pas infestée, avec les moyennes les plus élevées ont été enregistrées dans les sites: « **PD1** » 0.64 ± 1.1 tiques, et « **PG2** » 0.34 ± 1.06 tiques.

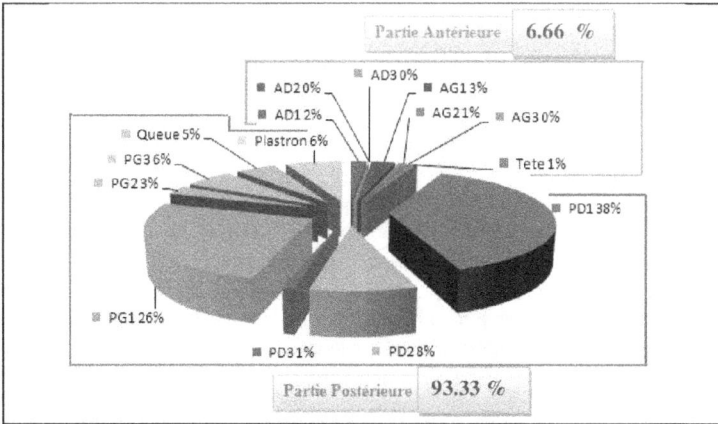

Figure 20. *Présentation des proportions des tiques par site d'emplacement chez la Testudo graeca*

L'attachement des tiques aux points de sutures des écailles ventrales chez des individus à plastron blessé révèle d'une moyenne de 0.08 ± 0.32 (6%).

La moyenne, l'écart type, le minimum et le maximum sont récapitulés dans le tableau suivant :

Tableau 06. *Répartition des Fréquences des tiques suivant les sites d'attachements pour la population de Testudo graeca : Mesn : moyenne ; SD :écart type ; Min : minimum ; Max : maximum ; AD1 : site antérieur droit 1 ; AD2: site antérieur droit 2; AD3: site antérieur droit 3; AG1: site antérieur gauche 1; AG2: site antérieur gauche 2; AG3: site antérieur gauche 3; PD1: site postérieur droit 1; PD2: site postérieur droit 2; PD3: site postérieur droit 3; PG1: site postérieur gauche 1; PG2: site postérieur gauche 2;PG3: site postérieur gauche 3.*

Site d'emplacement	Effectif	Mean	SD	Min	Max
AD1	62	0.03	0.25	0.00	2.00
AD2	62	0.00	0.00	0.00	0.00
AD3	62	0.00	0.00	0.00	0.00
AG1	62	0.01	0.12	0.00	1.00
AG2	62	0.04	0.28	0.00	2.00
AG3	62	0.01	0.12	0.00	1.00
Tête	62	0.00	0.00	0.00	0.00
PD1	62	0.64	1.10	0.00	6.00
PD2	62	0.14	0.47	0.00	2.00
PD3	62	0.01	0.12	0.00	1.00
PG1	62	0.11	0.36	0.00	2.00
PG2	62	0.43	1.06	0.00	7.00
PG3	62	0.04	0.28	0.00	2.00
Queue	62	0.09	0.39	0.00	2.00
Plastron	62	0.08	0.32	0.00	2.00

IV. 2. 1. 3. Comparaison entre individus infestés et non infestés par *H. aegyptium* :
IV. 2. 1. 3. 1. Comparaison des paramètres morphométriques :

La comparaison des paramètres morphométriques (LC, PC, H) entre individus infestés et non infestés de *T. graeca* par *H. aegyptium* réalisée par le test de χ^2 n'a révélé aucune signification ($\chi^2 = 0.04$; ddl = 1 ; P = 0.836).

IV. 2. 1. 3. 2. Comparaison des paramètres physiologiques :
La comparaison de comptage différentiel des leucocytes (Eos, Bas, Heter, Lym, Mon, Azur) entre individus infestés et non infestés de *T. graeca* par *H. aegyptium* réalisée par le test de χ^2 n'a révélé aucune signification ($\chi^2 = 0.12$; ddl = 1 ; P = 0.734).

IV. 2. 1. 4. Mesure d'impact:
IV. 2. 1. 4. 1. Relations entre l'infestation ectoparasitaire et les paramètres morphométriques de *T. graeca*

Trois paramètres morphométriques ont été examinés pour étudier l'impact d'infestation par *Hyalomma aegyptium* (PC, LC, H).

Aucune corrélation significative n'a été enregistrée entre les trois variables morphométriques (Tab 07), ce qui suggère l'absence d'effet sur l'état physionomique des tortues.

Tableau 07. *Résultats des corrélations entre l'infestation par H. aegyptium et les paramètres morphométriques : LC : Longueur de carapace ; PC : Poids corporel ; H : hauteur de carapace.*

Eléments de corrélation	Valeurs de r ; ddl ; P
Hyalomma aegyptium ; LC	r = 0.14 ; ddl = 60 ; P = 0.278 : n.s
Hyalomma aegyptium ; PC	r = 0.136 ; ddl = 60 ; P = 0.295 : n.s
Hyalomma aegyptium ; H	r = 0.076 ; ddl = 60; P = 0.560 : n.s

IV. 2. 1. 4. 2. Relations entre l'infestation ectoparasitaire et les paramètres physiologiques de *Testudo graeca* :

Nous avons établi plusieurs corrélations entre la charge parasitaire du *H. aegyptium* chez les spécimens infestés avec leurs formules leucocytaires (Eos, Bas, Heter, Lym, Mon, Azur).

Le test Pearson de corrélation n'a pas mesuré un lien entre les paramètres étudié ce qui implique une absence d'une réponse cellulaire de l'hôte vis-à-vis l'infestation a *H. aegyptium*. Les résultats des corrélations sont notés dans le tableau suivant :

Tableau 08. *Résultats des corrélations entre l'infestation par Hyalomma aegyptium et les différents types de leucocytes.*

Eléments de corrélation	Valeurs de r ; ddl ; P
H. aegyptium ; Monocytes.	r = -0.122 ; ddl = 60 ; P = 0.343: n.s
H. aegyptium ; Lymphocytes.	r = -0.089 ; ddl = 60 ; P = 0.497 : n.s
H. aegyptium ; Basophiles	r = 0.169 ; ddl = 60 ; P = 0.190 : n.s
H. aegyptium ; Hétérophiles	r = -0.087 ; ddl = 60; P = 0.501 : n.s
H. aegyptium ; Eosinophiles.	r = 0.008 ; ddl = 60 ; P = 0.950 : n.s
H. aegyptium ; Azurophiles	r = 0.094 ; ddl = 60 ; P = 0.469 : n.s

IV. 2. 2. Le modèle hémoparasites :

On a pu identifier, après l'observation de 62 frottis sanguins (appartenant aux 62 individus), 02 genres de parasites unicellulaires appartenant au *Apicomplexa Coccidia*; *Haemoproteus, Plasmodium*

La prévalence, la moyenne de l'infestation, le minimum et le maximum pour les hémiparasites totaux sont récapitulés dans le tableau ci-dessous :

Tableau 09. *Occurrence des hemoparasites groupés Plasmodium / Haemoproteus dans la population de Testudo graeca.*

Espèces Parasite	Catégorie D'hôte	Nombre examiné	Nombre infesté	Prévalence (%)	Abondance	Intensité moyenne	Parasitimé (%) : Moy ± SD ; Min - Max
Plasm + *Haem*	mâle	32	31	96.87	2.510	2.59	2.10 ± 2.37 ; 0 – 10
	Femelle	25	20	80	1.935	2.419	1.934 ± 2.295 ; 0 – 9.33
	Juvénile	5	4	80	1.7	2.125	1.70 ± 1.05 ; 0 – 2.66
	total	62	55	88.70	2.213	2. 49	2.213 ± 2.460 ; 0 -10.32

La prévalence totale des hémoparasites est de 88.70 %. Les males sont les plus prévalent avec 96.87 %.

L'intensité moyenne totale est de l'ordre de 2. 49; presque la même chez les femelles, les males et les juvéniles avec des valeurs respectives de 2.419 ; 2.59 ; 2.125.

L'abondance également est très faible dans la population étudiée, avec une valeur de 2.213 seulement.

IV. 2. 3. Relation entre ectoparasites et hémoparasites :

Plusieurs corrélations ont été envisagées entre le vecteur *H. aegyptium* et les hémoparasitaire détectées chez les tortues (*Plas, Haem, Hemoparasites totale*). Aucune corrélation significative n'a été enregistrée entre les paramètres mesurés.

CHAPITRE IV : DISCUSSION ET CONCLUSION

Aujourd'hui, l'écologie parasitaire est une discipline en plein développement, notamment en raison de la prise en considération, par les écologues, du rôle potentiel des parasites dans les processus de régulations des populations hôtes, et de leur impact sur la physiologie de leurs hôtes. Les travaux se multiplient alors, faisant de l'étude des relations hôtes-parasites l'un des champs les plus dynamiques de l'écologie et de la biologie évolutive. Le rôle des parasites s'est avéré primordial dans l'organisation et la dynamique des populations sauvages et axial autant qu'agent causal de l'émergence des maladies infectieuses (Walker, 1998; Telford et Goethert, 2004; Walker, 2005).

Les tiques ont la capacité de transmettre une grande variété de parasites que tout les arthropodes hématophages regroupés (Balachov, 1972; Jongejan et Uilenberg, 2004; Dennis et Piesman, 2005). Notamment elles peuvent causer l'anémie, les dermatoses, la toxémie et la paralysie à l'hôte sur lequel elles s'attachent (Sonenshine, 1991; Roberts et Janovy, 1996). Au cours des dernières années, une émergence de nouvelles maladies transmises par les tiques a été enregistrée, ainsi que le taux de maladies déjà existantes a augmenté avec un changement de leur épidémiologie : prévalence, pathogénécité, et distribution géographique (Shaw *et al.*, 2001).
Il existe des tiques se nourrissant d'une large gamme d'espèces hôtes, prenant l'exemple de *Ixodes scapularis* et *Ixodes* pacificus qui se nourrissent de plus de 100 espèces hôtes dans l'ouest des États-Unis et le Canada, et l'exemple de *Ixodes ricinus* et *Ixodes persulcatus* parasitant plus de 200 espèces d'accueil en Eurasie (Anderson. J.F. et L.A. Magnarelli.2008)

Les tiques du genre *Hyalomma* affectent les mammifères : bovins, ovins, chiens, tortues et sangliers *(K.Meddour Bouderda et A. Meddour, 2006)*. Quatre de 15 espèces de tiques du genre *Hyalomma* parasitent les tortues en provenance du Pakistan , du bassin méditerranéen, et de la Russie (Fraser, CM. 1986, Robbins RG et al. 1998 in *E Tavassoli et al. 2007*) ; notant que la *Testudo graeca* (Linné,1758) est le principal hôte de l'éspèce *Hyalomma aegyptium* (Hoogstraal et Kaiser 1960; Apanaskevich, 2003, 2004 ; Siroky P., 2006).

Hyalomma aegyptium s'est avéré la seule espèce de tiques qui parasite notre population de tortue *T. graeca*. L'identification a été basée sur des critères morphologiques (Hoogsraal, 1978). L'utilisation des critères morphologiques a été le principal outil de plusieurs auteurs pour étudier la phylogénie et l'évolution des tiques, et établir des clés solides d'identification des espèces (S. C. Barker et A. Murrell, 2002).
Durant leur cycle de vie les tiques Hyalomma affectent deux ou trois hôtes. (Rechav et Fielden 1997). Ce mode de vie à trois hôtes peut expliquer la faible charge ectoparasitaire enregistrée chez la population étudiée avec une intensité moyenne de 1.69 ± 2.72.

H. aegyptium possède aussi une large répartition sur d'autres population du genre *Testudo*, notamment en Russie sur la sous espèce *Testudo graeca nikolskii* (Richard G. *et al.*, 1998). Dans un travail sur la prévalence de l'hémogrégarine et de son vecteur *H. aegyptium*, Siroky P., 2005 signale sa présence sur la Tortue mauresque dans de nombreux pays; notamment la Syrie, le Liban, la Roumanie et l'Iran.

35

La prévalence de *H. aegyptium* au niveau de notre population est de l'ordre de 72,41 %. Cette valeur est presque égale à celle trouvées pour d'autres populations notamment en Syrie où la prévalence et de l'ordre de 82,85 %, en Liban de 91,66 % et en Iran de l'ordre de 28, 57 % (Siroky P., 2005).

Dans le présente étude et avec une prévalence de 100% les femelles s'avère légèrement plus parasités que les mâles (83,33 %), ce cas de figure a été signalé aussi chez les populations de *T. greaca* en Syrie (Siroky P., *et al.,* 2005) et en Russie (Leontyeva O. et Kolonin G., 2001).

La valeur de l'intensité moyenne est presque la même que se soit pour les males ou les femelles, avec une moyenne de 1.69 ± 2.72 tique par tortue. La situation géographique de la région d'étude relie plusieurs hypothèses pour expliquer la faible charge ecto et hemoparasitaire présentes chez la population d'étude, puisqu'elle est localisée dans les limites de L'Atlas saharien qui forme une barrière entre le Nord du pays et diminuer par la suite la chance de propagation de parasites par les hôtes accueillants, par exemple, vu le caractère farouche des oiseaux, ils jouent un rôle important dans la transmission de tiques infectées à des régions saines.

En outre, La distribution verticale de la végétation influe sur la densité des tiques dures. En Suède, *Ixodes ricinus* a été présente avec une forte densité dans l'haute végétation ayant plus de 70 cm d'hauteur (H. A. Mejlon et T. G. T. Jaenson, 1997), ce qui est le contraire pour notre région d'étude caractérisée par une steppe à basse couverture végétale voire rare, et influe donc sur la faible charge ectoparasitaire.

Les facteurs climatiques sont des éléments essentiels influençant la distribution des tiques, leur cycle de vie, la variation saisonnière de leur activité et leur comportement, ainsi que la dynamique des populations (Daniel.M, et Dusbabek.F.1994 in C. Socolovschi, et *al.,* 2008). Les conditions macroclimatiques (à l'échelle de régions) limitent ainsi la distribution des différentes espèces, directement ou en influant sur le type de végétation utilisé par les tiques. Usuellement, les tiques se trouvent en abondance dans les forets ; elles sont strictement absentes ou apparaissent avec une faible abondance dans les basses couvertures végétales (Aeschlimann, 1972; Gilot*et al.,* 1975b; Gilot et Pautou, 1982).

Ainsi, chaque espèce présente une distribution géographique particulière, et les maladies transmises, particulièrement lorsque les tiques sont vecteurs et réservoirs de pathogènes, sont donc des maladies géographiques.

Les tiques *Ixodes* ont tendance à s'accrocher sur des tissus vascularisés et également de concentrer les repas de sang au cours du processus d'alimentation. Ces tendances varient selon les espèces de tiques et l'hôte accueillant (Snow, 1970; Kaufman et Phillips, 1973; Kitaoka et Fujisaki, 1975; Koch et Sauer, 1984).

L'analyse des emplacements d'attachement d'*H. aegyptium* sur les tortues révèle qu'il y a des préférences pour certains endroits. La partie postérieure, à savoir les « PG1 » et « PD1 » sont les plus touchées avec un taux d'infestation de 93.33%. L'ossification de la carapace ne permet pas l'accrochement des tiques. Un seul cas a été observé, où la tique a implantée son rostre entre les interstices de deux écailles du plastron. Malheureusement, à cause d'absence de travaux analogues, et d'hypothèses expliquant le choix d'emplacements des tiques, nos observations ne peuvent pas être comparables avec d'autres tortues. Généralement, les tiques se fixent sur l'endroit où elles peuvent facilement engorger du sang. Chez deux populations ovines et caprines étudiées au sud d'Afrique par L. J. Fourie et J. M. Van Zyl, (1991), aucune différence interspécifique entre les sites d'attachement des tiques du genre *Rubicundus Ixodes dans les deux populations* n'à été observée ; la partie ventrale était la plus infestée, car elle est plus vascularisée et elle n'est pas poilu mais ça n'a pas empêché l'attachement à la partie dorsale poilue, ce qui implique que les tiques choisissent l'endroit permettant leur fixation tout au long de la durée du repas sanguin, et d'une manière a ne pas permettre à l'animal de se défendre.

Pendant des études de l'évolution des tiques, il a été noté que ces dernières développent des moyens pour éviter la réaction physique de l'hôte (Rechav et Fielden 1997 ; Willadson, 1980; Ribeiro, 1987, 1989). Justement, on a un souci de vérifier l'impact de la taille de la carapace sur la charge parasitaire, nous avons calculé le coefficient de corrélation entre la charge parasitaire et les différents paramètres morphométriques; ainsi que l'âge des tortues, tout en comparant les individus sains et infestés, mais, aucune corrélation révélée n'a été significative. Ceci peut être expliqué par la faible charge ectoparasitaire déjà abordée.

Cependant, même si ces relations nous conduisent à penser que ces parasites ne présentent pas un effet pathogène au niveau individuel, elles ne nous renseignent en rien sur leur action durant une infestation prolongée. On peut en effet se demander si la persistance de ce parasite surtout avec une intensité plus forte, peu entraîner un coût négatif sur les individus et des conséquences démographiques néfastes. Une étude à long terme serait nécessaire pour répondre à cette question.

Des changements saisonniers dans la prévalence et/ou dans les infestations par *H. aegyptium* peuvent être envisagés; mais l'absence d'études analogues qui traitent les changements de leur parasitémie, et également la localisation du parasite durant son cycle de vie dans autres hôtes vertébrés, nous ont rendu l'interprétation de ces résultats un peu difficile. Un travail plus approfondit est plus que nécessaire, pour mieux cerner le cycle de ce parasite et déterminer les risques de ce parasite, avec des risques de contamination d'autres groupes zoologiques y compris l'homme.

REFERENCES BIBLIOGRAPHIQUES

A

- **Andreu A.C. (1987)**. *Ecología y dinámica poblacional de la tortuga mora*, Testudo graeca, *en Doñana*. Tesis Doctoral. Univ. Sevilla.
- **Angel, F. (1946)**. *Reptiles et Amphibiens*. Faune de France, vol. 45. Pierre André Imprimerie. Librairie de la Faculté des Sciences. Fédération Française des Sociétés de Sciences Naturelles, Office Central de Faunistique. Paris.
- **Andreu, A. C. (2002)**. *Testudo graeca*. Pp. 147-150. En: Pleguezuelos, J.M., Márquez, R., Lizana, M.(Eds.): *Atlas y Libro Rojo de los anfibios y reptiles de España*. Dirección General de la Conservación de la Naturaleza - Asociación Herpetológica Española (2ª impresión), Madrid. In Díaz-Paniagua, C., Andreu, A. C. (2005). Tortuga mora – *Testudo graeca*. En: *Enciclopedia Virtual de los Vertebrados Españoles*. Carrascal, L. M., Salvador, A. (Eds.). Museo Nacional de Ciencias Naturales, Madrid.
- **Andreu, A.C., Díaz-Paniagua, C., Keller, C. (2000)**. *La tortuga mora en Doñana*. Asociacion Herpetologica Española, Barcelona. Monografías de Herpetología, vol. 5: 70 pp. In Díaz-Paniagua, C., Andreu, A. C. (2005). Tortuga mora – *Testudo graeca*. En: *Enciclopedia Virtual de los Vertebrados Españoles*. Carrascal, L. M., Salvador, A. (Eds.). Museo Nacional de Ciencias Naturales, Madrid.
- **Ananeva, N.B., Borkin, L.Ya., Darevskii, I.S., and Orlov, N.L (1998).**, Amphibians and Reptiles, in *Entsiklopediya prirody Rossii* (Encyclopedia of Russian Nature), Moscow: AVF, 1998, pp. 195–203 in S. K. Semyenova, A. V. Korsunenko, V. A. Vasilyev, S. L. Pereschkolnik, L. F. Mazanaeva,A. A. Bannikova, and A. P. Ryskov (2004). RAPD Variation in Mediterranean Turtle *Testudo graeca* L. (Testudinidae). *Russian Journal of Genetics, Vol. 40, No. 12, 2004, pp. 1348–1355. Translated from Genetika, Vol. 40, No. 12, 2004, pp. 1628–1636.*

- **Apanaskevich DA (2003).** Diagnostike vida Hyalomma (Hyalomma) aegyptium (Acari, Ixodidae) (To diagnostics of Hyalomma [Hyalomma] aegyptium [Acari: Ixodidae]). Parazitologija 37:47–59

- **Apanaskevich DA (2004)**. Parazito-Khozjainnye svjazi vidov roda Hyalomma Koch, 1844 (Acari,Ixodidae) i ikh svjaz smikroevoljucionnym processom (Host-parasite relationships of the genus Hyalomma Koch, 1844 (Acari, Ixodidae) and their connection with microevolutionary process). Parazitologija 38:515–523

B

- **Ben kaddour, K., El Mouden, Tahar S., Frédéric L. et Xavier B. (2005)**. Dimorphisme sexuel et cinétique de croissance et de maturation chez *Testudo graeca graeca*, dans les Jbilets Centrales, Maroc, *Rev. Écol. (Terre Vie)*, vol. 60, 2005.
- **Barker SC, Murrell A. (2004)**. Systematics and evolution of ticks with a list of valid genus and species names. *Parasitology* 2004 ;129 Suppl : S15-S36.

- **Bailey, J. R., Highfield, A. C. (1996).** Observations on Ecological changes threatening a population of *Testudo graeca graeca* in the Souss Valley, Southern Morrocco. *Chelonian Conservation,* 2: 36-42. In El Mouden, H., Slimani, T., Ben Kaddour, K., Lagarde, F., Boumezzough, A., Ouhammou, A. (2006). *Testudo graeca graeca* Feeding ecology in an arid and overgrazed zone in Morocco. *Journal of Arid Environment*

- **Barje, F. , Slimani, T., El Mouden, H., Lagarde, F., Bonnet, X. (2005).** Shrewd shrikes and spiny shrubs: a calamity for hatchling Moorish tortoise. *Amphibia-Reptilia,* 26:113-115. In Díaz-Paniagua, C., Andreu, A. C. (2005). Tortuga mora – *Testudo graeca. En: Enciclopedia Virtual de los Vertebrados Españoles.* Carrascal, L. M., Salvador, A. (Eds.). Museo Nacional de Ciencias Naturales, Madrid.

- **Ben kaddour. K, t. Slimani, e. H. El mouden, f. Lagarde, x. Bonnet. (2006).** Population structure, population density and individual catchability of *testudo graeca* in the central jbilets (morocco) *vie et milieu,* 2006, 56 (1) : 49-54

- **Balashov, Y.S., (1972).** Bloodsucking ticks (Ixodidae)—vectors of disease of man and animals. Misc. Publ. Entomol. Soc. Am. 8, 161–376. In Nicholas S. Geraci, J. Spencer Johnston, J. Paul Robinson, Stephen K. Wikel, Catherine A. Hill. Variation in genome size of argasid and ixodid ticks . Insect Biochemistry and Molecular Biology 37 (2007) 399–408

C

- **Camicas JL, Hervy JP, Adam F, Morel PC (1998).** Les Tiques du Monde. Nomenclature, Stades Décrits, Hôtes, Repártition (Acarida, Ixodida), Orstom, Paris; 1998.

- **Chinafi, A., (2007).** Carte du diagnostic du réseau, BEHYGER: Bureau d'Etude Hydraulique et Génie Rural.

D

- **Díaz-Paniagua, C., Andreu, A. C. (2005).** Tortuga mora – *Testudo graeca. En: Enciclopedia Virtual de los Vertebrados Españoles.* Carrascal, L. M., Salvador, A. (Eds.). Museo Nacional de Ciencias Naturales, Madrid.

- **Díaz-Paniagua, C., Andreu, A. C., Keller, C. (in press).** Effects of temperature on hatching success in field incubating nests of spur-thighed tortoises, *Testudo graeca. Herpetological Journal.* In Díaz-Paniagua, C., Andreu, A. C. (2005). Tortuga mora – *Testudo graeca. En: Enciclopedia Virtual de los Vertebrados Españoles.* Carrascal, L. M., Salvador, A. (Eds.). Museo Nacional de Ciencias Naturales, Madrid.

- **Díaz-Paniagua, C., C. Keller, Andreu, A. C. (1997).** Hatching success, delay of emergence and hatching biometry of *Testudo graeca* in southwestern Spain. *Journal of Zoology, London,* 243: 543-553. In Díaz-Paniagua, C., Andreu, A. C. (2005). Tortuga mora – *Testudo graeca. En: Enciclopedia Virtual de los Vertebrados Españoles.* Carrascal, L. M., Salvador, A. (Eds.). Museo Nacional de Ciencias Naturales, Madrid.

- **Díaz-Paniagua, C., Keller, C., Andreu, A. C. (1996).**Clutch frequency, egg and clutch characteristics, and nesting activity of spur-thigheed tortoises, *Testudo graeca,* in southwestern

Spain. *Canadian Journal of Zoology*, 74: 560-564. In Díaz-Paniagua, C., Andreu, A. C. (2005). Tortuga mora – *Testudo graeca*. En: *Enciclopedia Virtual de los Vertebrados Españoles*. Carrascal, L. M., Salvador, A. (Eds.). Museo Nacional de Ciencias Naturales, Madrid.

- **DanielM, Dusbabek F(1994).** .Micrometeorological and microhabitats factors affecting maintenance and dissemination of tick-borne diseases in the environment.. *in* C. Socolovschi, B. Doudier, F. Pages, P. Parola 2008. TIQUES ET MALADIES TRANSMISES À L'HOMME EN AFRIQUE. Médecine Tropicale • 2008 • 68 • 2

- **Dennis, D.T., Piesman, J.F., (2005).** Overview of tick-borne infections of humans. *in*: Goodman, J.L., Dennis, D.T., Sonenshine, D.E. (Eds.), Tick-borne Diseases of Humans. American Society for Microbiology, Washington, pp. 3–11. In Nicholas S. Geraci, J. Spencer Johnston, J. Paul Robinson, Stephen K. Wikel, Catherine A. Hill. Variation in genome size of argasid and ixodid ticks . Insect Biochemistry and Molecular Biology 37 (2007) 399–408

E

- **El Mouden, E., Slimani, T., Ben Kaddour, K. (2002).** Croissance et dimorphisme sexuel chez la tortue mauresque (*Testudo graeca graeca* L. 1758).Chelonii- Proceeding of the international congress on *Testudo* Genus. : 325-33

- **El Mouden, H., Slimani, T., Ben Kaddour, K., Lagarde, F., Boumezzough, A., Bonnet, X., Ouhammou, A. (2003).** Preliminary data on the feeding ecology of Spur-thighed tortoises, Testudo graeca graeca from an arid area of Morrocco. *2nd Int. Congress of Chelonian Conservation*. Senegal.

- **El Mouden, H., Slimani, T., Ben Kaddour, K., Lagarde, F., Boumezzough, A., Ouhammou, A. (2006).** *Testudo graeca graeca* Feeding ecology in an arid and overgrazed zone in Morocco. *Journal of Arid Environment*.

- **E. El Mouden, F. Lagarde, K. Ben Kadour, T. Slimani, M. Guillon et X. Bonnet. (2004).** Le surpaturage, un défi pour la tortue grecque. Le Courrier de la Nature n° 210- Janvier- Février 2004.

F

- **Fritz U, D. James Harris, Soumia Fahd, Rachid Rouag, Eva Graciá Martínez, Andrés Giménez Casalduero, Pavel Široký, Mohsen Kalboussi, Tarek B. Jdeidi, Anna K (2009).** Hundsdörfer1 Mitochondrial phylogeography of *Testudo graeca* in the Western Mediterranean: Old complex divergence in North Africa and recent arrival in Europe. Amphibia-Reptilia 30 (2009): 63-80

- **Fritz U. and Havas P., (2007).** Checklist of Chelonians of the world. Vertebrate zoology. 57 (2)2007. 149-368.

G

- **García, C. ,Gorostiza, A., Ballestar, R., Yelo, N. , Anadón, J. D., Pérez, I., Sánchez-Zapata, J. A., Botella, F., Giménez, A. (2003).** Predation of the spur-thighed tortoise *Testudo graeca* by carnivorous fauna in Southeastern Spain. *2nd International Congress on chelonian* *conservation*. Senegal. In Díaz-Paniagua, C., Andreu, A. C. (2005). Tortuga mora – *Testudo graeca*. En: *Enciclopedia Virtual de los Vertebrados Españoles*. Carrascal, L. M., Salvador, A. (Eds.). Museo Nacional de Ciencias Naturales, Madrid.

- **Goodman JL, Dennis DT, Sonenshine DE. (2005).** Tick-borne diseases of humans. ASM Press,Washington, DC, USA: 2005 ; in Socolovschi .C1, Doudier. B, Pages .F, Parola .P, 2, 3.2008. TIQUES ET MALADIES TRANSMISES À L'HOMME EN AFRIQUE. *Med Trop* 2008 ; 68 : 119-133

- **GOBEL, T., AND H. SPORLE. (1991).** Blood collecting technique and selected reference values for Herman's tortoise (*Testudo hermanni hermanni*). *In* Proceedings: 4th International colloquium on pathology and medicine of reptiles and amphibians, German Veterinary Association, Bad Nauheim, Germany, pp. 129–134. In Lopez-Olvera, J. R., Montane J., Marco I., Martınez-Silvestre A., Soler J. and Lavın S., 2003. Effet of venipencture site on hematologic and sirum biochemical parameters in marginated tortoise (*Testudo marginata*) *Journal of Wildlife Diseases,* 39(4), 2003, pp. 830–836.

- **Giemsa, G. (1904).** Eine vereinfachung und vervollkommnung meiner methylenazur-methlyenblau-eosin-farbemethode zur erzielung der Romanowsky-Nocht'schen chromatinfarbung. Zentabl. Bakteriol. Parasitenkd. Infectkrankh.37:308. In Petithory, Jean-Claude and Ardoin, Françoise, 2005. Rapid and Inexpensive Method of Diluting Giemsa Stain for Diagnosis of Malaria and Other Infestations by Blood Parasites. JOURNAL OF CLINICAL MICROBIOLOGY, Jan. 2005, p. 528 Vol. 43, No. 1

H

- **Hoogstraal H (1956)** African Ixodoidea. I. Ticks of the Sudan. Washington, D.C
- **Hoogstraal H, Kaiser MN (1960)** Some host relationships of the tortoise tick, Hyalomma (Hyalommasta) aegyptium (L.) (Ixodoidea, Ixodidae) in Turkey. Ann Entomol Soc Amer 53:457–458.

J

- **Jongejan, F., Uilenberg, G., (2004).** The global importance of ticks. Parasitology 129, S3–S14 in Nicholas S. Geraci, J. Spencer Johnston, J. Paul Robinson, Stephen K. Wikel, Catherine A. Hill. Variation in genome size of argasid and ixodid ticks . Insect Biochemistry and Molecular Biology 37 (2007) 399–408

K

- **Keller, C. , Díaz-Paniagua, C., Andreu, A.C. (1997).** Post-emergent field activity and growth rates of hatchling spur-thighed tortoises, *Testudo graeca. Canadian Journal of Zoology*, 75: 1089-1098. In Díaz-Paniagua, C., Andreu, A. C. (2005). Tortuga mora – *Testudo graeca*. En: *Enciclopedia Virtual de los Vertebrados Españoles*. Carrascal, L. M., Salvador, A. (Eds.). Museo Nacional de Ciencias Naturales, Madrid.

- **Knotkova. Z, J. Doubek, Z. Knotek , P. Hajkova. (2002).** Blood Cell Morphology and Plasma Biochemistry in Russian Tortoises (*Agrionemys horsfieldi*). ACTA VET. BRNO 2002, 71: 191–198.

L

- **Lambert M. R. K. (1982)** Studies on the groth, structure and abundance of the Mediterranean spur-thighed tortoise, Testudo graeca L. in field populations. Journal of the Zoology, 196 : 165-189. In Tahar Slimani, El Hassan El Mouden et khalid Benkaddour. 2001. Structure et dynamique d'une population de *Testudo graeca*, L. 1758 dans les Jbilets Centrales, Maroc. *Cheloni.* Vol.3. Proceedings of the international Congress on *Testudo* Genus-March7-10, 2001.
- **Lopez-Olvera, J. R., Montane J., Marco I., Martınez-Silvestre A., Soler J. and Lavın S., (2003).** Effet of venipencture site on hematologic and sirum biochemical parameters in marginated tortoise (*Testudo marginata*) *Journal of Wildlife Diseases*, 39(4), 2003, pp. 830–836.

M

- Martín Franquelo, R. (1984). Ecología trófica del Tejón (Meles meles) en la Reserva Biológica de Doñana. Tesina de Licenciatura, Univ. Sevilla. In Díaz-Paniagua, C., Andreu, A. C. (2005). Tortuga mora – *Testudo graeca*. En: *Enciclopedia Virtual de los Vertebrados Españoles.* Carrascal, L. M., Salvador, A. (Eds.). Museo Nacional de Ciencias Naturales, Madrid
- **Murray, M. J. 2000.** Reptilian blood sampling and artifact considerations. *In* Laboratory medicine: Avian and exotic pets, A. M. Fudge (ed.). W. B. Saunders Company, Philadelphia, pp. 185–192. In Lopez-Olvera, J. R., Montane J., Marco I., Martınez-Silvestre A., Soler J. and Lavın S., 2003. Effet of venipencture site on hematologic and sirum biochemical parameters in marginated tortoise (*Testudo marginata*) *Journal of Wildlife Diseases*, 39(4), 2003, pp. 830–836.
- **Muro, J., R. Cuenca, L. Vin˜ As, And S. Lavin. (1994).** Intere´ s del hemograma en la clı´nica de quelonios. Veterinaria en Praxis 9: 24–29. In Lopez-Olvera, J. R., Montane J., Marco I., Martınez-Silvestre A., Soler J. and Lavın S., 2003. Effet of venipencture site on hematologic and sirum biochemical parameters in marginated tortoise (*Testudo marginata*) *Journal of Wildlife Diseases*, 39(4), 2003, pp. 830–836.
- **Meddour.K Bouderda A. Meddour (2006).** CLÉS D'IDENTIFICATION DES *IXODINA* (*ACARINA*) D'ALGERIE(2006)- ---Sciences & Technologie C – N°24, Décembre (2006), pp.32-42
- **Morel, P.C.(1981).** Maladies à tiques du bétail en Afrique Pp. 471-717, *in* Précis de Parasitologie Vétérinaire Tropicale, Troncy, P.M. ; Itard, J. et Morel, P.C., Ministère de la Coopération et du Développement, Paris, (1981), 717
- **Morel P.C. (1965).**Les tiques du bassin méditerraneen.Ed. IEMVPT, Maison Alfort, Paris, p. 145

N

- **Needham GR, Teel PD (2008).** Off-host physiological ecology of ixodid ticks. *Annu Rev Entomol* 1991 ; 36 : 659-81. . *in* C. Socolovschi, B. Doudier, F. Pages, P. Parola 2008. TIQUES ET MALADIES TRANSMISES À L'HOMME EN AFRIQUE. Médecine Tropicale • 2008 • 68 • 2

P

- **Pérez-Eid C.(2008).** Les tiques. Identification, biologie, importance médicale et vétérinaire. (Coll. Monographies de microbiologie).314 p. 2007. *in* C. Socolovschi, B. Doudier, F. Pages,

P. Parola 2008. TIQUES ET MALADIES TRANSMISES À L'HOMME EN AFRIQUE. Médecine Tropicale • 2008 • 68 • 2

- **Petithory, Jean-Claude and Ardoin, Françoise, (2005)**. Rapid and Inexpensive Method of Diluting Giemsa Stain for Diagnosis of Malaria and Other Infestations by Blood Parasites. JOURNAL OF CLINICAL MICROBIOLOGY, Jan. 2005, p. 528 Vol. 43, No. 1.

R

- **Robbins RG, Karesh WB, Calle PP, Leontyeva OA, Pereshkolnik SL, Rosenberg S (1998)**. First records of *Hyalomma aegyptium* (Acari: Ixodida: Ixodidae) from the Russian spur-thighed tortoise, *Testudo graeca nikolskii*, with an analysis of tick population dynamics. J Parasitol. 1998; 84(6): 1303-5.
- **Roberts, L.S., Janovy, J., (1996)**. Foundations of Parasitology. WCB Publishers, Dubuque. In Nicholas S. Geraci, J. Spencer Johnston, J. Paul Robinson, Stephen K. Wikel, Catherine A. Hill. Variation in genome size of argasid and ixodid ticks . Insect Biochemistry and Molecular Biology 37 (2007) 399–408
- **Rachid Rouag, Slim Benyacoub, Luca Luiselli, El Hassan El Mouden, Ghoulem Tiar, Chahira Ferrah. (2007)**. Population structure and demography of an Algerian population of the Moorish tortoise, *Testudo graeca. Animal Biology, Vol. 57, No. 3, pp. 267-279 (2007)*

S

- **Slimani Tahar, El Hassan El Mouden et khalid Benkaddour. (2001)**. Structure et dynamique d'une population de *Testudo graeca*, L. 1758 dans les Jbilets Centrales, Maroc. *Cheloni.* Vol.3. Proceedings of the international Congress on *Testudo* Genus-March7-10, 2001.
- **Siroky Pavel, Klara J, Petrzelkova, Martin Kamler ,Andrei D. Mihalca, David Modry. (2006)**. Hyalomma aegyptium as dominant tick in tortoises of the genus Testudo in Balkan countries, with notes on its host preferences - Exp Appl Acarol (2006) 40:279–290.
- **Sonenshine D. Biology of ticks.vol 1 Oxford University Press ed. Oxford: 1991.** 331-39.

- **Shaw, S.E., Day, M.J., Birtles, R.J., Breitschwerdt, E.B., (2001)**. Tick-borne infectious diseases of dogs. Trends Parasitol. 17, 74–80. In Frederic Beugnet, Jean-Lou Marié. Emerging arthropod-borne diseases of companion animals in Europe. Veterinary Parasitology 163 (2009) 298–305

- **Soulsby, E. J. L. (1982)**. Helminths, Arthropods and Protozoa of domesticated animals.7th Edition.Baillier Tindall and Cassel Ltd.London.

- **Preston, P. M., (2001)**. Theileriosis. In: The Encyclopedia of Arthropod-transmitted Infections, Service, M. W. (ed.), CAB International, London, UK.Hyalomma aegyptium as dominant tick in tortoises of the genus Testudo in Balkan countries, with notes on its host preferences Pavel S˘ iroky´ Æ Kla´ ra J. Petrz˘elkova´ Æ Martin Kamler Andrei D. Mihalca Æ David Modry- Exp Appl Acarol (2006) 40:279–290 DOI 10.1007/s10493-006-9036-z
- **Subdivision Agricole d'Aflou, 2010.**

- **Stubbs, D., Hailey. A, Pulford. E et Tyler, W. (1984).**0 Population ecology of european tortoises : review field techniques. Amphibia. Reptilia, 5 : 57-68. In Ben kaddour, K., El Mouden, Tahar S., Frédéric L. et Xavier B. 2005. Dimorphisme sexuel et cinétique de croissance et de maturation chez *Testudo graeca graeca*, dans les Jbilets Centrales, Maroc, *Rev. Écol. (Terre Vie)*, vol. 60, 2005.

- **SAMOUR, H. J., D. RISLEY, T. MARCH, B. SAVAGE, O. NIEVA, AND D. M. JONES. (1984).** Blood sampling techniques in reptiles. The Veterinary Record 114: 472–476. In Lopez-Olvera, J. R., Montane J., Marco I., Martınez-Silvestre A., Soler J. and Lavın S., 2003. Effet of venipencture site on hematologic and sirum biochemical parameters in marginated tortoise (*Testudo marginata*) *Journal of Wildlife Diseases,* 39(4), 2003, pp. 830–836.

T

- **Telford, S.R.III, Goethert, H.K., (2004).** Emerging tick-borne infections: rediscovered and better characterized, or truly 'new'? Parasitology 129,S301–S327. In Nicholas S. Geraci, J. Spencer Johnston, J. Paul Robinson, Stephen K. Wikel, Catherine A. Hill. Variation in genome size of argasid and ixodid ticks . Insect Biochemistry and Molecular Biology 37 (2007) 399–408

W

- **Walker, D.H., (1998).** Tick-transmitted infectious diseases in the United States. Annu. Rev. Public Health 19, 237–269. In Nicholas S. Geraci, J. Spencer Johnston, J. Paul Robinson, Stephen K. Wikel, Catherine A. Hill. Variation in genome size of argasid and ixodid ticks . Insect Biochemistry and Molecular Biology 37 (2007) 399–408

- **Walker, D.H., (2005).** Ehrlichia under our noses and no one notices. Arch. Virol. Suppl. 19, 147–156. In Nicholas S. Geraci, J. Spencer Johnston, J. Paul Robinson, Stephen K. Wikel, Catherine A. Hill. Variation in genome size of argasid and ixodid ticks . Insect Biochemistry and Molecular Biology 37 (2007) 399–408

- **Willemsen RE, Hailey A (1999).** Variation of adult body size of the tortoise *Testudo hermanni* in Greece: proximate and ultimate causes. *J Zool* 248: 379-396. In Ben kaddour, K., El Mouden, Tahar S., Frédéric L. et Xavier B. 2005. Dimorphisme sexuel et cinétique de croissance et de maturation chez *Testudo graeca graeca*, dans les Jbilets Centrales, Maroc, *Rev. Écol. (Terre Vie)*, vol. 60, 2005.

www.ingramcontent.com/pod-product-compliance
Lightning Source LLC
Chambersburg PA
CBHW020318220326
41598CB00017BA/1600